Die Welt der Terrarientiere

Ich sehe was, was du nicht siehst

Das eine Auge schaut nach oben rechts, das andere nach hinten links. Chamäleons können ihre Augen unabhängig voneinander bewegen und dadurch gleichzeitig in unterschiedliche Richtungen sehen. Ganz schön praktisch! So haben sie rundherum alles im Blick.

Den kannst du behalten!

Schöner langer Schwanz! Aber ganz schön gefährlich. Denn wenn ein Raubtier nach der Echse schnappt, bekommt es vielleicht den Schwanz zu fassen. Hier hat die Natur vorgesorgt: An einer Sollbruchstelle reißt der Schwanz einfach ab, die Echse flieht und der Beutegreifer geht leer aus. Und das Tollste ist: Der Schwanz wächst wieder nach!

Und: Zack!

Die Echse sitzt auf einem Ast, die Fliege auf dem anderen. Zack! Plötzlich schnellt die Zunge hervor, überbrückt die Entfernung in Sekundenbruchteilen und fängt das Insekt mit dem klebrigen vorderen Ende. Danach wird das „Lasso" wieder eingerollt, die Echse ist satt, die Fliege hat Pech gehabt.

Mal riechen?

Sie sprechen nicht mit gespaltener Zunge, sie riechen: Schlangen nehmen durch das Züngeln Gerüche wahr, indem Geruchsmoleküle zu dem Jakobson'schen Organ geführt werden. Manche Schlangen verfügen zudem über Grubenorgane, mit denen sie Infrarot „sehen" und Beute in völliger Dunkelheit orten können.

Fest im Griff oder eng umschlungen?

Riesen- oder Würgeschlangen haben ihre Beute fest im Griff. Mit ihrem muskulösen Körper umwickeln sie das Beutetier und ziehen langsam zu. Atmet die Beute aus, wird noch ein bisschen mehr gedrückt, bis das Tier erdrosselt ist. Erst danach wird es verzehrt.

Echte Großmäuler

Schlangen fressen ihre Beutetiere am Stück und wenn es ein dicker Brocken ist, können sie ihren Unterkiefer aushängen. Auch die übrigen Schädelstrukturen werden durch Bänder gehalten – das ermöglicht eine enorme Dehnung. Die Zähne sind nach hinten gerichtet: Einbahnstraße für das Beutetier, hier gibt es kein Zurück.

Da seh ich rot!

Dieser Anoli spreizt seine rote Kehlfahne ab. Sie ist wie ein rotes Tuch und bedeutet gegenüber Rivalen: „Komm' mir nicht zu nah!" Sind Weibchen in der Nähe, bekommt die Fahne eine ganz andere Bedeutung, nämlich: „Hier bin ich! Schau mal, wie schön ich leuchte!"

Nimm mich huckepack

Unter Fröschen ist es mit der Emanzipation nicht weit her, sie schwimmt, er lässt sich tragen. Doch hier geht es nicht um Bequemlichkeit, sondern um Fortpflanzung, denn die Befruchtung findet außerhalb des Körpers statt. Sie legt die Eier, er liefert den Samen. Wenn er sie umklammert, ist die Befruchtungsrate höher und Konkurrenten haben keine Chance.

Jurassic Park

Reptilien sind schon sehr, sehr alt. Die ersten Schildkröten-Funde beispielsweise sind älter als die der Dinosaurier! Auch viele Echsen stammen aus dieser Zeit. Wer ein Terrarium hat, holt sich einen kleinen Jurassic Park ins Haus. Viele von ihnen sehen auch aus wie Dinos im Taschenformat.

Inhalt

1

Terrarien einrichten 6

Service 70

2

Terrarientiere 28

3

Ernähren und pflegen 46

1

Terrarien einrichten

Ein Leben hinter Glas

Das Terrarium

Leopardgeckos mögen flache, breite Terrarien mit Wüsten-Ambiente.

Die einen mögen es hoch, die anderen lieber flach und breit. Manche bevorzugen Wasser, andere Trockenheit und Hitze. Ob Pflanzen oder karge Steine, Klettermöglichkeiten oder unterirdische Verstecke, jedes Terrarium ist anders. Und dabei kommt es nicht nur auf den persönlichen Geschmack des Terrarianers an, sondern vor allem auf die Tierart, die im Terrarium lebt.

So natürlich wie möglich

„Artgerechte Haltung", was ist das eigentlich? Artgerechte Haltung bedeutet, dass man die Tiere so naturnah wie möglich unterbringt und hält, auch Amphibien und Reptilien. Dazu muss man die ökologischen Bedingungen ihrer natürlichen Umgebung berücksichtigen, auch der natürliche Bewegungsradius, das Verhalten sowie ihre Ernährung gehören dazu. Ganz grob: Eine Wasserschildkröte hat nichts in einem Halbwüstenterrarium zu suchen und ein Laubfrosch auch nichts in einem Gurkenglas mit Leiter.

Und Bodenbewohner benötigen andere Terrarien als Baum- und Felsenbewohner. Letztere benötigen eine entsprechend spezielle Einrichtung.

Simulierter Wetterwechsel

In der Natur – egal wo – ändern sich im Laufe eines Tages und Jahres die klimatischen Bedingungen, sodass auch Amphibien und Reptilien in Terrarien nicht immer unter den gleichen

Das Jemenchamäleon braucht ein hohes Terrarium mit zahlreichen Klettermöglichkeiten.

Zierschildkröten mögen Wasserterrarien mit einer Wurzel oder einem Stein zum Sonnen.

klimatischen Bedingungen gehalten werden dürfen. Bereits lange, bevor Sie sich für ein Tier entscheiden, sollten Sie sich mit seinen Lebensgewohnheiten auseinandersetzen. Einige wesentliche Informationen finden Sie auf den Porträtseiten.

Grundbauplan Terrarium

Wenn Sie verschiedene Zimmerterrarien genauer betrachten, werden Sie feststellen, dass alle nach dem gleichen Bauplan erstellt wurden. Ein Terrarium ist von allen Seiten verschlossen und hat im Frontbereich meist Schiebescheiben. Vorn oder an den Seitenscheiben befindet sich ein Belüftungsfeld. Ein weiteres Belüftungsfeld muss in der Abdeckung sein, damit die verbrauchte wärmere Luft abziehen kann. Gleichzeitig wird durch das untere Belüftungsfeld frische Luft nachgesogen. Bei etlichen Laubfröschen, Chamäleons und anderen Tieren mit großem Frischluftbedürfnis ist es oft erforderlich, dass mindestens eine ganze Terrarienseite mit Gaze bedeckt ist. Obwohl die meisten Terrarien aus Glas bestehen, kann man für Tiere aus Trockengebieten auch Terrarien aus Holz verwenden, die sich mit etwas handwerklichem Geschick leicht selbst herstellen lassen.

Die richtige Terrariengröße

Die Größe und Form des Terrariums richtet sich nach den darin zu pflegenden Arten. Ihre Lebensweise und ihr Bewegungsbedürfnis entscheiden, ob das Terrarium hoch, länglich oder großflächig sein muss. Für Bodenbewohner sind eher großflächige Behälter erforderlich, für kletternde Arten hohe Terrarien. Bei den jeweiligen Porträts werden die Angaben der gesetzlich geforderten „Mindestanforderungen" (siehe „zum Weiterlesen") berücksichtigt. Sie dürfen aber ruhig etwas großzügiger sein und Ihren Pfleglingen mehr Platz bieten! Dann haben die Tiere mehr Bewegungsfreiheit und bieten mehr Beobachtungsmöglichkeiten.

Grundbauplan eines Terrariums: Unter den Schiebescheiben befindet sich ein Belüftungsfeld, sodass ständig die Zufuhr von Frischluft gewährleistet wird.

Es werde Licht

Die passende Beleuchtung

Das Klima setzt sich aus den unbelebten Faktoren Licht, Wasser, Luft, Wärme und Boden zusammen. Damit im Terrarium die notwendigen „klimatischen“ Bedingungen herrschen, ist man auf technische Hilfsmittel angewiesen.

Das beste Licht bietet die Sonne. Allerdings kann man sie nur in Freilandgehegen nutzen, denn Terrarien, die hinter der Scheibe stehen, heizen zu sehr auf.

Licht und Beleuchtung

Für Tiere und Pflanzen ist Licht lebenswichtig. Um Terrarien richtig beleuchten zu können, stehen viele Leuchtmittel zur Verfügung. Am günstigsten sind nach wie vor die Leuchtstoffröhren. Die so genannten Dreibandenröhren, wie z. B. OSRAM Lumilux sind für Terrarien besonders geeignet. Jene Leuchtstoffröhren werden in unterschiedliche Klassen (z. B. Daylight oder Tageslicht, Neutralweiß, Kalt- und Warmton usw.) unterteilt. Die Röhren haben eine hohe Lichtausbeute, zudem unterscheidet sich der Schwerpunkt des jeweiligen Spektralbereiches von Typ zu Typ. Durch die Anzahl und Kombination der einzelnen Leuchtstofflampen kann man die gewünschte Beleuchtung und Lichtqualität bestimmen.

Reflektoren und HQL-Lampen

Um die Lichtausbeute bei Leuchtstofflampen zu erhöhen, sollte man sich spiegelnde Reflektoren besorgen oder selbst bauen. Sie können die Stärke des Lichtes, das sonst ungenutzt nach oben verstrahlt wird, um bis zu 100 % verdoppeln. Vor allem bei Tieren aus heißen Trockengebieten bietet es sich an, neben Leuchtstoffröhren auch so genannte HQL (Quecksilberdampf-Hochdrucklampen) einzusetzen, da sie dem Spektrum des Sonnenlichts sehr nah kommen. Bei gleicher Leistung erzeugen HQI-Lampen (Halogen-Metalldampflampen) doppelt so viel Licht und werden vor allem bei lichthungrigen Reptilien gern zur Beleuchtung eingesetzt. Auch verschiedene Spotstrahler bieten Wärme.

Diese Bartagame „tankt“ Sonne, auch wenn es sich um künstliches Licht handelt, erfüllt es seinen Zweck.

UV-Licht

Um ihnen eine natürliche Vitamin-D3-Synthese zu ermöglichen, benötigen auch Amphibien und Reptilien UV-Strahlung. Dabei wird das Vitamin aus einem Provitamin in der Haut gebildet. In der Terraristik hat sich die OSRAM-Ultra-Vitalux-Lampe (300-Watt) einen festen Platz erobert. Denn sie ist auch noch nach Jahren in der Lage, ausreichende „Mengen" an UV-Licht auszustrahlen. Zur Sicherheit kletternder Tiere muss man die Lampe jedoch außerhalb des Terrariums über einem Gazefeld installieren und dabei einen Abstand von etwa 80–100 cm einhalten. Denn Glas würde die kurzwellige UV-Strahlung absorbieren und ein geringerer Abstand könnte eine zu hohe UV-Strahlung und zu hohe Temperaturen bewirken. Bewährt hat es sich, wenn sich Reptilien etwa 2- bis 3- mal wöchentlich für 30 bis 35 Minuten den Strahlen der OSRAM-Ultra-Vitalux-Lampe aussetzen können. Erfahrungsgemäß ziehen sich viele von ihnen bereits nach einer kürzeren Zeit in ihren Schlupfwinkel oder in ihre Höhle zurück. Im Freiland sind Amphibien und Reptilien dem ungefilterten Sonnenlicht ausgesetzt: Die Freilandhaltung ist für daran angepasste Tiere meist die beste Lösung.

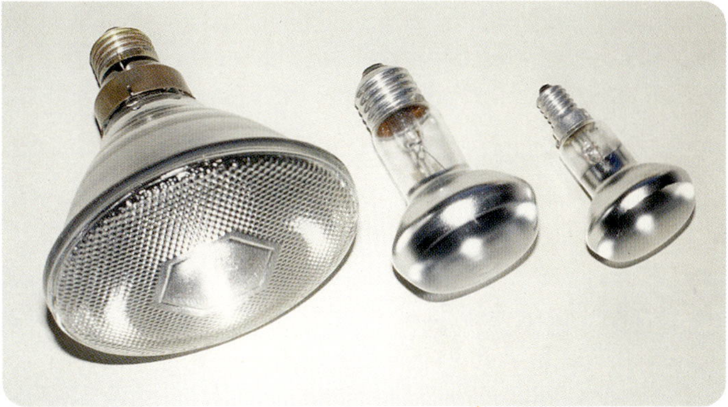

Verschiedene Wärmestrahler.

In einem Freilandterrarium sind die Tiere (hier Europäische Sumpfschildkröten) dem ungefilterten Sonnenlicht ausgesetzt. Die beste Möglichkeit einer natürlichen Vitamin-D-Synthese.

Prima Klima

Wärme, Luftfeuchtigkeit und Boden

Auch im Terrarium benötigen alle Reptilien und Amphibien geeignete Versteckmöglichkeiten. Dieser Halsbandleguan (Crotaphytus bicintores) befindet sich vor seiner Höhle.

Verschiedene Wohlfühlbereiche

Die Temperaturen dürfen innerhalb eines Terrariums nicht überall gleich sein. Denn die Tiere müssen Gelegenheit haben, den von ihnen bevorzugten Temperaturbereich aufzusuchen. Deshalb muss innerhalb des Terrariums je nach Tierart ein Temperaturgefälle von 10 bis 25 °C geboten werden.

Halbwüsten zeichnen sich durch ihre Hitze, Trockenheit und daran angepassten Lebewesen aus.

Das richtige Temperaturgefälle

Unter einem Wärmestrahler (Konzentra-Lampe, Spot-Lampe etc.) sind gewöhnlich Temperaturen um 35 °C, bei Wüstentieren sogar bis zu 45 °C erforderlich. Dabei kann man die Temperatur unter dem Strahler durch den Abstand vom Sonnenbadeplatz und durch die entsprechenden Watt-Stärken regeln. In der Praxis bedeutet das, dass z. B. in einem Terrarium mit Halsbandleguanen *(Crotaphytus)* in deren erforderlicher kühleren Kunsthöhle (Versteck) tagsüber eine Temperatur von etwa 20 – 22 °C herrschen sollte und unter dem Wärmestrahler 45 °C. Damit hat man ein Temperaturgefälle von 25 – 23 °C erreicht und die Halsbandleguane können zwischen den unterschiedlichen Temperaturbereichen wählen. Zwei an verschiedenen Stellen angebrachte Thermometer geben dabei jederzeit Auskunft über die aktuellen Temperaturen.

Fußbodenheizung

Hängt der Wärmestrahler über einer Stelle, unter der sich im Bodengrund eine für die Echsen leicht zugängliche Eiablagebox befindet, werden auch in der Eiablagebox die für einen Eiablageplatz günstigen Temperaturen von etwa 25 bis 30 °C erreicht. Um lokale Bodenstellen aufzuheizen eignen sich auch Heizkabel, Heizmatten und Heizsteine.

Heizkabel werden in Schleifen verlegt und darüber kommt der Bodengrund, Heizmatten legt man unter das Terrarium.

Luftfeuchtigkeit

Die relative Luftfeuchtigkeit innerhalb des Terrariums misst man mit einem Hygrometer. Selbst in Halbwüsten- oder Steppenterrarien muss morgens die Einrichtung leicht übersprüht werden (Taubildung). Dabei steigt die Luftfeuchtigkeit und reduziert sich im Verlauf der nächsten Stunden wieder. In Regenwaldterrarien muss die Einrichtung eventuell sogar zweimal täglich besprüht oder überbraust werden, um die gewünschte Luftfeuchtigkeit zu erhalten. Nebel- bzw. über eine Zeitschaltuhr gesteuerte Sprühanlagen leisten hier gute Dienste. Bereits durch die dichtere Bepflanzung hält sich in einem Regenwaldterrarium die hohe Luftfeuchtigkeit länger als in einem Halbwüstenterrarium. Auch kann ein künstlicher Wasserfall in einem Regenwaldterrarium für eine höhere Luftfeuchtigkeit sorgen.

Durch die hohe Luftfeuchtigkeit in den Regenwäldern gedeihen auch Epiphyten auf Bäumen sehr gut.

Der passende Untergrund

Der Bodengrund muss möglichst staubfrei sein, darf keine Verletzungsgefahr bergen und sollte leicht zu reinigen sein. Deshalb hat sich gewaschener, rundkörniger Flusssand oder sehr feiner Kies am besten bewährt.
Man kann auch ein Sand/Torf-Gemisch nehmen oder Sand mit (ungedüngter) Blumenerde mischen. Dabei entsteht ein etwas lockererer Bodengrund, der für stark grabende Froschlurche und Reptilien leichter zu bewegen ist. Dieses Substrat sollte immer leicht feucht gehalten werden, da es im trockenen Zustand staubt. Wald- oder Gartenerde und Holzspäne sollten auf keinen Fall verwendet werden, da man sich leicht unerwünschte Mikroorganismen, auch Schimmelpilze ins Terrarium holt.

Je nach Bedarf muss im Terrarium durch Sprühen oder Überbrausen die relative Luftfeuchtigkeit erhöht werden.

Wasser, Höhlen und Verstecke

Terrarienböden gestalten

Stimmen Temperatur, Beleuchtung und der Bodengrund, kommt nun die schönste Aufgabe: Gestalten Sie Ihr Terrarium und bauen Sie Ihrem Liebling ein schönes Biotop. Je nach Art werden nun Bademöglichkeiten und Eiablageplätze eingerichtet. Besonders wichtig sind Versteckmöglichkeiten.

Mit Badeleiter Tipp

Bieten Sie Ihren Tieren immer die Möglichkeit, das Wasser zu verlassen. Das kann eine Wurzel, eine schräg gelegte Schieferplatte oder ein Stein sein, der sozusagen als Badeleiter dient.

Um eine Partnerin heranzulocken, geben viele Froschlurchmännchen (hier: Mittelmeerlaubfrosch) mit Hilfe ihrer Schallblasen weit hörbare Rufe von sich.

Glasklar und gefiltert

Bei sehr großen Wasserbecken bietet es sich an, einen Abfluss zu installieren, wodurch der Wasserwechsel erleichtert wird. Bei kleineren Arten und größeren Wasserbecken kann eine Aquarienfilteranlage für sauberes Wasser sorgen. Die Filteranlage muss außerhalb des Terrariums installiert werden, sodass nur die Zu- und Rücklaufschläuche

Wasser – Terrarium mit Swimmingpool

Viele Amphibien und Reptilien, die an Gewässerufern leben, suchen oft das Wasser auf. Bei ihnen darf ein Wasser- und Landteil nicht fehlen. Dabei richtet sich das Verhältnis Wasser zu Land nach der jeweiligen Aufenthaltsdauer, die jene Tiere im Wasser oder an Land verbringen. Man kann das Wasserbecken durch eine längs oder quer eingeklebte Glas-/Trennscheibe vor dem Einrichten vom Landteil trennen oder eine geräumige Wasserwanne einsetzen.

Ein hochträchtiges Weibchen des Glattkopfleguan (Leiocephalus schreibersii), wie man an den Flanken erkennen kann.

bzw. -rohre in das Terrarium führen. Bei kleineren Terrarien kann man auch kleine Innenfilter nehmen, mit denen man auch Wasserfälle oder kleine Fließgewässer anlegen kann.

Die gute Kinderstube – Eiablageplatz für Reptilien

Da der Platz, an dem Schildkröten-, Schlangen- oder Echsen-Weibchen ihre Eier ablegen wollen, leicht feucht sein und Temperaturen um 25–30 °C aufweisen sollte, bietet es sich an, solche Stellen innerhalb des Terrariums bewusst anzulegen. Außerdem graben bei bodenbewohnenden Reptilien viele Weibchen vor der Eiablage eine Höhle, eine Mulde oder einen Gang, um an deren Ende die Eier abzulegen. Dieses kann man bei der Einrichtung gleich berücksichtigen und den Weibchen einen entsprechend hohen Bodengrund anbieten.

Eiablageboxen und Nistkästen

Eiablageboxen werden gern angenommen. An eine Stelle, die später durch darüber hängende Wärmestrahler die entsprechenden Temperaturen bietet, versenkt man eine Eiablagebox in den Bodengrund. Die Box kann aus verschiedenen Materialien bestehen. Bei größeren Reptilien ist sie oft aus Holz, bei kleineren nimmt man einfach eine passend große Kunststoffdose, in die man einen Eingang schneidet. Der Eingang sollte so groß sein, dass ein trächtiges Weibchen hindurchpasst. Die Box wird zur Hälfte oder zu zwei Dritteln mit feuchtem Flusssand oder einem leicht feuchten Sand/Torf-Gemisch gefüllt, denn die meisten eierlegenden bodenlebenden Reptilienweibchen haben vor der Eiablage das Bedürfnis, die vorhandene Kunsthöhle zu erweitern. Oft dient die Eiablagebox den Tieren auch als zusätzliche Ruhe- und Versteckmöglichkeit. Für Baumbewohner eignet sich auch ein „Nistkasten" entsprechender Größe, wie man sie für höhlenbrütende Vögel kennt. Und Taggeckos (Phelsumen) legen gern ihre Eier in oben offene Bambusstäbe, die einen entsprechend großen Hohlraum bieten müssen. Deshalb muss der Hohlraum auch so groß wie das im Terrarium lebende Weibchen sein.

Vor der Eiablage gräbt das Weibchen unter einem Stein eine Höhle.

Nach der Eiablage verschließt es die Höhle wieder sorgfältig.

Für Bergsteiger und Kletterkünstler

Bewegungs-, Kletter- und Versteckmöglichkeiten

Perleidechsen benötigen sehr große Terrarien mit zahlreichen Kletter- und Versteckmöglichkeiten.

Alle Terrarien müssen gut strukturiert sein und einen abwechslungsreichen Lebensraum bieten.

Felsen und kleine Berge

Für Felsenbewohner bieten sich modellierte Rück- und Seitenwände als Felsen an. Sie lassen sich leicht mit Styropor oder sonstigen Hartschaumplatten und einem Messer formen, wobei Sie auch einige Terrassen bilden sollten, die den Tieren als erhöhte Sitzwarte dienen. Durch das Material wird das Terrarium auch nicht zu schwer. Die noch verbleibenden Hartschaumkanten lassen sich mit einem heißen Fön oder Heißluftgebläse abrunden. Das Ganze wird anschließend mit einer Epoxitharzschicht bestrichen. Wenn Sie den noch feuchten Kunstharz anschließend mit Sand bestreuen, entsteht eine recht natürlich wirkende Felswand. Natürlich kann man auch mit Silikonkautschuk kleinere Lavasteine oder Schiefer an die Rückwand kleben.

Karge Landschaft

Bei Felsenbewohnern kann man einige flache Steine von vorn nach hinten ansteigend anbringen. Lassen Sie dabei weitere Kletter- und Versteckmöglichkeiten entstehen. Damit die Steine nicht durch Untergraben oder ein anderes Missgeschick zusammenstürzen und die Tiere unter sich begraben können, können Sie die Steinplatten mit etwas Silikonkautschuk fixieren.

Stachelschwanzwarane (V. acanthurus) in einem Felsenterrarium (links). Wüstenterrarien sind eher karg. Stark bewehrte Kakteen sind nicht unbedenklich, da sich die Tiere an den Stacheln verletzen können (rechts).

Rinden und Stämme

Für Baumbewohner bietet sich ebenfalls die Rückwand und eventuell noch eine Seitenwand als Klettermöglichkeit an. Ihrem Lebensraum entsprechend kann man die vorgesehenen Kletterwände mit Korkeichenstücken oder Presskorkplatten bekleben. Als Klebemittel hat sich auch hier Silikonkautschuk bewährt. Leider lösen sich Presskorkplatten nach längerem Gebrauch auf, Korkeiche ist haltbarer und sieht natürlicher aus. Achten Sie darauf, dass keine Hohlräume entstehen, in denen sich die Echsen verfangen oder in die sich Futtertiere zurückziehen könnten.

Von Ast zu Ast mit kleinen Baumhöhlen

Weitere Klettermöglichkeiten bieten hochkant und quer angebrachte Äste alter Obstbäume. Sind sie mit Flechten bewachsen und recht knorrig, wirkt es richtig attraktiv. Auch Moorkien- und andere fäulnisfreie Wurzeln können den gleichen Zweck erfüllen. Bei Baumbewohnern genügt es oft, je nach Art über einen senkrecht oder waagerecht verlaufenden Kletterast oder eine Wurzel ein Stück Korkrinde zu befestigen. Der darunter entstehende Hohlraum dient den Tieren dann als Versteckmöglichkeit. Außerdem können niedrige Wurzeln oder Pflanzen weitere Klettermöglichkeiten bieten.

Das Dschungelcamp

Richtige Baumbewohner mögen neben Klettermöglichkeiten aus Ästen und Wurzeln auch echte Pflanzen. Setzen Sie niedrig wachsende Pflanzen in den vorderen, höher wachsende in den hinteren Terrarienbereich. Die Pflanzen werden am besten in ihren Töpfen mit einer Dränageschicht (z. B. Kies) in den Bodengrund eingelassen. Dadurch kann man sie bei Bedarf leicht wieder herausnehmen, ohne dass der gesamte Boden durch das Wurzelgeflecht aufgewühlt werden muss. Außerdem sollte man einige flache Steine um die Pflanzen legen, damit die Tiere nicht in deren Wurzelbereich eine Eiablageröhre graben.

Info

Wassernapf

Befindet sich im Terrarium nicht sowieso ein Wasserbecken, weil dessen Bewohner in oder an Gewässern leben, dann sollte man zumindest einen Wassernapf aufstellen. Selbst Halbwüstentiere werden bald daraus trinken. Der Wassernapf sollte möglichst nur so groß sein, dass die Tiere nicht hineinklettern können. Es sei denn, sie möchten hin und wieder darin baden, wie es ihrer Natur entspricht.

Gestutzt

Pflanzen werden immer größer, dichter oder umfangreicher, sodass irgendwann der Zeitpunkt kommt, dass sie nicht mehr in das Terrarium passen. Sie müssen dann ausgelichtet, gekürzt oder ausgetauscht werden. Pflanzen produzieren Sauerstoff, sind dekorativ, bieten Versteckmöglichkeiten und sorgen für eine höhere Luftfeuchtigkeit.

Auch baumbewohnende Laubfrösche, wie z. B. der Gestreifte Laubfrosch (Hyla crepitans) brauchen Klettermöglichkeiten.

EXTRA
Grüne Hölle – Terrarienpflanzen

Aloe
Aloe spec. (sehr viele Arten)

Sukkulente aus Afrika und Madagaskar, 20 bis 80 cm hoch. Als hübsche Dekoration in Trockenterrarien (E und F) geeignet, sollten jedoch nicht für Schildkröten oder Echsen erreichbar sein. Sonnig, 20–30 °C.

Anthurie, Flamingoblume
Anthurium spec.

Unempfindliche Landpflanze aus Südamerika, 20–50 cm hoch. Sie bildet dichte Bündel mit weißer oder roter Aronstabblüte. Beliebt bei Schaumnestbauern, wenn die Blätter z. T. über den Wasserteil ragen. Terrarientyp D, Halbschatten, 20–25 °C.

Buntwurz
Caladium spec. (sehr viele Arten)

Landpflanze aus Südamerika, 25–40 cm hoch. Besonders gut für Regenwaldterrarien (D) geeignet, da sie eine hohe Luftfeuchtigkeit benötigt. Es gibt viele Farbvariationen. Halbschatten, ca. 21 °C.

Calanthea, Korbmarante
Calanthea spec. (sehr viele Arten)

Landpflanze aus Südamerika, 30–100 cm hoch. Die Korbmarante mag einen hellen bis halbschattigen Standort mit 20–25 Grad. Sie liebt eine hohe Luftfeuchtigkeit und ist daher gut für Regenwaldterrarien (D) geeignet.

Cissus, Känguruwein
Cissus spec.

Immergrüne Kletterpflanze aus Ostasien, Afrika und Südamerika, 30 bis 90 cm Durchmesser. Pflegeleicht, mag helle bis halbschattige Standorte. Ab und zu mit weichem Wasser besprühen. Terrarientyp D, 20–25 °C.

Dreimasterblume
Tradescantia spec. (viele Arten)

Kletterpflanze aus Mittel- und Südamerika, bis zu 30 cm hoch. Tradiskantien werden oft als Ampelpflanzen eingesetzt, da sie unschöne Rückwände verbergen Terrarientyp B, indirektes Licht, 22–27 °C.

Gründliche Dusche für Pflanzen

Tipp

Duschen Sie neu erworbene Pflanzen gründlich ab, damit eventuell anhaftende Pflanzenschutzmittel abgespült werden. Sie könnten sonst für Ihre Terrarienbewohner gefährlich werden.

Efeutute

Scindapsus auratus

Kletterpflanze aus Mittelamerika, bis zu 2 m hoch. Kann kletternd oder herabhängend kultiviert werden und ist vor allem an Rückwänden großer Regenwaldterrarien sehr dekorativ. Terrarientyp B, C und D, hell bis halbschattig, 20–27 °C.

Kletter-Ficus

Ficus pumila

Kletterpflanze aus Mittel- und Südamerika, 40–60 cm hoch. Wächst auch an Rückwänden empor und eignet sich gut als Bodendecker. Auch als Variabilität mit grün-weißen Blättern erhältlich. Terrarientyp B, C und D, indirektes Licht, 20–25 °C.

Baumfreund, Kletterphilo

Philodendron spec.

Kletterpflanze aus Mittelamerika, bis zu 2 m hoch. Man kann diese Kletterpflanze aus einem höher angebrachten Pflanzenkasten herabwachsen lassen. Terrarientyp B, C und D, halbschattig bis schattig, aber hell, 21–24 °C.

Neoregelie

Neoregelia spec.

Landpflanze, in Südamerika beheimatet, ca. 30 cm hoch. Hat sich sehr gut bei der Haltung und Zucht von Pfeilgiftfröschen bewährt, die ihre Larven in Bromelientrichter oder Blattachseln absetzen. Terrarientyp D, indirektes Licht, 18–26 °C.

Pellefarn

Pellaea rotundifolia

Landpflanze, in Südamerika beheimatet, 25–30 cm hoch. Vor allem in kleinen Regenwaldterrarien können einige größere Pflanzen dieses zierlichen Farns schön neben Moospolstern wirken. Täglich besprühen. B und D, indirektes Licht, 20–29 °C.

Sansevierie, Bogenhanf

Sansevieria spec.

Afrikanische bzw. asiatische Landpflanze, je nach Art 15–120 cm hoch. Vor allem die niedriger wachsenden Arten wie *S. trivasciata*, *S. spec. Hahnii* haben sich bewährt. Terrarientyp D, E und F, indirektes Licht, 20–29 °C.

Kleine Inseln oder doch mehr Strand?

Terrarientypen für Wasserfreunde und Bodenbewohner

Im Folgenden werden einige Terrarientypen vorgestellt, die nach Bedarf variiert werden können:

A. Einfaches Aquaterrarium

Format: Gewöhnliches Aquarium mit Gazedeckel.

Einrichtung: Eine nach hinten ansteigende Kiesschicht wird zum Landteil und kann durch Steine vor dem Abrutschen gesichert werden. Alternativ bilden flache Steine oder Wurzeln Inseln, die von Wasser umgeben sind. Ein hohl liegendes Korkrindenstück dient als Versteckmöglichkeit. Im Wasser befinden sich einige Wasserpestranken (*Elodea canadiensis*).

Beleuchtung: Besteht aus Leuchtstofflampen. Ein Wärmestrahler wird auf das Rindenstück gerichtet, damit sich die Tiere sonnen können.

Viele Terraristikeinsteiger beginnen mit einem Aquaterrarium.

B. Terrarium für Uferbewohner (Aquaterrarium)

Format: Flach, bei kletternden Amphibien und Reptilien hoch.

Einrichtung: Man kann den durch eine Trennscheibe deutlich höher liegenden Landteil mit Sand- oder feinem Kies oder einem Sand-Torf-Gemisch auffüllen. Im Wasserteil sollte sich kein Bodengrund befinden, damit das Wasser leichter durch eine Filteranlage gereinigt oder durch ein Ablassventil gewechselt werden kann.

Bei Molchen und einigen Salamandern, aber auch Froschlurchen muss man einige Schwimmpflanzen in den Wasserteil setzen, die oft zur Eiablage benötigt werden. Ein Steg erleichtert den Ausstieg.

Bei vielen Reptilien (z. B. Wasserschildkröten) sind Eiablageplätze offen oder

Kies und Wasser: Fertig ist das einfache Aquaterrarium.

es wird eine Eiablagebox in den Bodengrund eingelassen. Bei entsprechendem Platzangebot kann man bei kleineren Reptilien einige Pflanzen in den Bodengrund des Landteils (mit Topf) einsetzen. Wird das Wasser über eine Filteranlage gereinigt, kann es aus dem Ausströmer über eine vorgeformte Rinne als Wasserfall wieder in das Wasserbecken zurückfließen. Ein kräftiger Ast, der aus dem Wasser auf das Land ragt, wird von diversen Amphibien und Reptilien, vor allem Wasserschildkröten, gern als Sitzwarte angenommen. Bei kletternden Froschlurchen und Reptilien ist ein höheres Terrarium erforderlich, das mit Klettterästen ausgestattet wird.

Beleuchtung: Bei Amphibien aus tropischen und subtropischen Regenwäldern genügen Leuchtstoffröhren, bei Reptilien kann man auch HQL- oder HQI-Lampen einsetzen. Die Wärmestrahler werden auf die Kletterflächen gerichtet und müssen entweder außerhalb des Beckens installiert oder durch ein Drahtgeflecht gesichert werden, damit die Tiere nicht in direkten Kontakt mit der Lampe kommen.

C. Terrarium für Bodenbewohner

Format: Flach, großzügig bemessene Bodenfläche.

Einrichtung: Hohe Sandschicht, Sand-/Torf-Gemisch oder Ähnliches als Bodengrund und Eiablageplatz. Für Echsen wird eine Eiablagebox mit der Öffnung nach oben in den Bodengrund eingelassen. Als Sichtbarrieren oder Klettermöglichkeit dienen Steine, Wurzeln, oder hohl liegende Korkeichenrinde sowie trockene Grasbüschel.
Ein kleiner Laubhaufen animiert zum Scharren. Bei Kröten, Schlangen und Echsen aus vegetationsreicheren Lebensräumen kann man einige typische Pflanzen einsetzen. Wassernapf nicht vergessen!

Beleuchtung: Leuchtstoffröhren bei Amphibien. Bei lichthungrigen Schildkröten, Echsen und Schlangen auch HQL- oder HQI-Lampen. In kleineren Terrarien genügt als zusätzliche Wärmequelle oft ein Wärmestrahler in der Mitte, bei länglichen Terrarien, z. B. für sehr aktive Reptilien, sollte sich in jeder Terrarienhälfte ein Wärmestrahler befinden.

Das Paludarium ist eine Kombination aus großem Aquarium mit aufgesetztem Landteil mit Kletterästen und Pflanzen.

Kleines Terrarium für Bodenbewohner. Darin leben Pfeilgiftfrösche (Dendrobates auratus), die auch auf Pflanzen klettern

Für Extremisten

Terrarien für Baum-, Felsen- und Wüstenbewohner

Schön bepflanzte Rückwand eines Paludarium.

Terrarien für Fortgeschrittene.

D. Terrarium für Busch- und Baumbewohner

Format: Hochformat.

Einrichtung: Flusssand oder sehr feiner Kies, eventuell auch ein Sand/Torf-Gemisch als Bodengrund. Für Pfeilgiftfrösche kann man stellenweise Torfziegel oder Presskorkplatten verwenden. Bei Echsen, die ihre Eier am Boden ablegen, kann eine Eiablagebox eingegraben werden. Es bietet sich an, die Rückwand mit Korkeichenstücken o. Ä. zu bekleben. Ein kräftiger, oben stärker verzweigter Ast bildet den Mittelpunkt, daneben pflanzt man Pflanzen (niedrigere vorn, höhere hinten), die einerseits Schatten und Sichtschutz bieten und deren Blätter andererseits nach dem Besprühen noch einige Zeit mit Wasser benetzt bleiben. Bei Regenwaldbewohnern kann man auf dem Ast noch einige Epiphyten (z. B. Bromelien, Farne) kultivieren, die dem gleichen Zweck dienen. Für Taggeckos *(Phelsuma spec.)* stellt man mindestens einen oben offenen Bambusstab hochkant in das Terrarium (Eiablageplatz). Auf einem Ast liegend befestigte oder daran senkrecht angebrachte Korkstücke bieten in ihren Hohlräumen Versteckmöglichkeiten.

Beleuchtung: Leuchtstofflampen und/oder HQL- bzw. HQI-Lampen. Auf einen Platz für Sonnenbäder kann im oberen und/oder mittleren Terrarienbereich ein kleiner Spotstrahler gerichtet werden, vor allem, wenn keine HQL- oder HQI-Lampen eingesetzt werden.

E. Terrarium für Felsenbewohner

Format: Hochformat.

Einrichtung: Als Bodengrund eignet sich Flusssand oder feiner Kies, stellenweise eventuell etwas Muschelkalk. Graben Sie auvh eine Eiablagebox ein. Die Rückwand sollte als „Felswand" gestaltet werden. Einige Steinplatten bringt man rutschfest (Silikonkautschuk) und nach hinten ansteigend so ein, dass Fugen und Spalten Versteckplätze und für einige Arten die erforderlichen weiteren Eiablagemöglichkeiten bieten.

Kleines Terrarium für Felsenbewohner.

Beleuchtung: Leuchtstofflampen und/oder HQL- bzw. HQI-Lampen. Als Platz für Sonnenbäder kann im oberen und/oder mittleren Terrarienbereich zusätzlich ein kleiner Spotstrahler gerichtet werden.

F. Terrarium für Savannen- und Halbwüstenbewohner

Format: Flach, großzügige Bodenfläche.
Einrichtung: Mit Ziegelsteinen kann man auf dem nackten Terrarienboden die späteren „Gänge“ und „Kammern“ vorgeben und diese anschließend zur Hälfte oder zwei Dritteln mit leicht feuchtem Sand oder einem Sand/Torf-Gemisch auffüllen. Die Kammern müssen etwa doppelt so hoch sein wie die Tiere! Anschließend legt man Steinplatten (z. B. große Fliesen) auf das vorgegebene „Fundament“, so dass sich die Kunsthöhlen unter den Steinplatten befinden. Anschließend muss man den übrigen Bodenbereich mit weiterem Bodensubstrat bis über die Steinplatten auffüllen. Eingänge offen lassen! Die untere Bodenschicht sollte immer leicht feucht sein. Zum Anfeuchten bildet man eine Mulde und füllt sie mit Wasser. Nachdem das Wasser darin versickert ist, schiebt man die Mulde wieder mit Substrat zu. Eventuell kann man eine Eiablagebox vorher eingraben oder eine der „Kammern“ als Eiablageplatz herrichten (Strahler von oben: In der Kammer sollten Temperaturen von 25 bis etwa 32 °C herrschen). Alte, knorrige Wurzelstücke oder größere Steine können als Dekoration und Klettermöglichkeit dienen.
Beleuchtung: Leuchtstoffröhren, vor allem aber HQL- oder HQI-Lampen.
Bodengrund: Flusssand oder feiner Kies.

Info

Vorsicht, stachelig!

Obwohl sie in einem Halbwüsten- oder Wüstenterrarium sehr dekorativ wirken, sollte man auf stark bewehrte Kakteen und Euphorbien sowie andere stachelige Pflanzen verzichten, da sich die Tiere bei einer überhasteten Flucht daran verletzen könnten.

Kleines Terrarium für Felsenbewohner.

Eine häufig gewählte Versteckmöglichkeit: ein hohl liegendes Korkrindenstück.

Der Lauf der Jahreszeiten
Klimatischer Rhythmus

Für kletternde Arten sind höhere Terrarien notwendig.

Die Pfleglinge müssen sich klimatisch stets wohlfühlen.

Klima
In den subtropischen und tropischen Regionen der Erde bewegen sich die Temperaturen im Verlauf des Jahres nur unwesentlich. Hier sind die Amphibien und Reptilien meist ganzjährig aktiv, während sich jene in den gemäßigteren Breiten bei sinkenden Temperaturen in ihre Verstecke zurückziehen oder in kalten Bereichen sogar einen frostsicheren Unterschlupf aufsuchen müssen. Dort fallen sie in eine „Winter-/Kältestarre", bis ihnen die steigende Außentemperatur neue Aktivität einhaucht. Obwohl man bei wechselwarmen (poikilothermen) Lebewesen von einer „Winterstarre" spricht, wird diese Zeit unter Terrarianern oft als „Überwinterungszeit" bezeichnet. Bei diesen Tieren schließt meist gleich die Fortpflanzungszeit an die Überwinterungszeit an.

Makro- und Mikroklima
Zur artgerechten Haltung gehört es, den Amphibien und Reptilien, die in Menschenobhut leben, ähnliche oder zumindest annähernd ähnliche Klimabedingungen zu bieten, die sie in ihrer Heimat vorfinden. Dabei sind vor allem die kleinklimatischen Bedingungen gemeint, wobei man auch den Lebensraum und ihre Lebensweise berücksichtigen muss. Ein Beispiel für verschiedene Mikroklimata: Eine in der

Der künstliche Laichplatz für Goldbaumsteiger wird gern angenommen.

gleichen Region auf einem sonnenexponierten Felsen lebende Echse ist einem anderen Mikroklima ausgesetzt als jene Tiere, die an einem Gewässer oder in einem schattigen Wald leben. Auch sind die jeweiligen Aktivitätszeiten zu beachten.

logischen Farbwechsel ihre Körpertemperatur zu regeln. Viele Arten nehmen eine dunklere Farbe an, wenn es kühl ist und eine hellere bei Hitze. Wie aus dem Physikunterricht bekannt ist, heizen sich dunklere Körper schneller auf als helle.

Die Australische Wasseragame benötigt sehr große Aquaterrarien.

Die beste Temperatur

Viele Reptilien suchen sich in ihrem Lebensraum die passende Temperatur heraus. Ist es morgens kühl, nehmen sie ein Sonnenbad, bei Mittagshitze ziehen sie sich an kühlere, schattige Stellen zurück. Die Tiere sind ständig dabei, ihre Körpertemperatur optimal einzustellen. Einige Reptilienarten sind sogar in der Lage, ihren Körper abzuflachen und somit die Oberfläche zu vergrößern, um möglichst viel Sonnenstrahlung und Wärme aufzunehmen. Oft setzen sie sich dazu auf dunklere Steine oder auf Rinden, die sich besser aufheizen als hellere Materialien in der Umgebung. Des Weiteren sind viele Tiere in der Lage, durch einen physio-

Runterkühlen

Manche Wüstenspezialisten sind an die Hitze angepasst. In der Namibwüste gibt es eine Wüstenechse (*Meroles anchietae*), die immer nur auf zwei Beinen steht, um möglichst wenig Hitze vom Sandboden aufzunehmen. Dazu wechselt sie regelmäßig das diagonale Beinpaar, wenn die Füße zu warm werden. Viele in heißen Regionen lebende Reptilien sind hell gefärbt. Auch sie vergrößern ihre Oberfläche, allerdings um Hitze abzustrahlen. Bei weiter steigenden Temperaturen beginnen die Tiere das Maul aufzusperren, um sich über Verdunstungskälte Abkühlung zu schaffen, sollte kein kühlerer, schattiger Ort in der Nähe sein.

Auf einen Blick

Terrarien einrichten

Zutaten für das Terrarium

Überlegen Sie sich zuvor, welche Terrarientiere Sie halten möchten. Im Kapitel „Terrarientiere“ (S. 32–43) finden Sie die jeweiligen Lebensräume bzw. die entsprechende Terrarientypbezeichnung. Die Terrarientypen sind auf Seite 20–23 beschrieben. Richten Sie das Terrarium nach den Bedürfnissen Ihrer Tiere ein.
Sie brauchen:

- → Ein Terrarium mit Lüftungsschlitzen (evtl. mit Wasser- und Landteil)
- → Evtl. Heizmatten oder Wärmestrahler
- → Bodensubstrat
- → Eiablagemöglichkeit
- → Lampen
- → Thermometer
- → Hygrometer
- → Versteckmöglichkeiten für Bodenbewohner (Steine, umgedrehte Rindenstücke)
- → Kletter- und Versteckmöglichkeiten für Baumbewohner (Äste, Steine, Pflanzen etc.)
- → Wasser- und Futternapf

Richtig aufstellen

Der richtige Standort

Achten Sie darauf, dass das Terrarium nicht direkt am Fenster steht, besonders an Süd- aber auch an West- und Ostseiten. Oft heizen sich die Terrarien so stark auf, dass die Tiere überhitzen. Ein Nordfenster wäre möglich, um natürliches Tageslicht zu nutzen. Ansonsten eignet sich eine Zimmerecke ohne direkte Sonneneinstrahlung. Generell ist es leichter, ein Terrarium in einem kühleren Raum zu beheizen, als es in einem zu warmen Raum herunterkühlen zu müssen.

Stabiler Stand

Je nach Größe des Terrariums kann es ganz schön schwer werden, besonders, wenn es einen Wasserteil und schweren Bodengrund hat. Achten Sie auf die Statik und prüfen Sie den Boden. Das Terrarium sollte auf einem großflächigen, stabilen Unterschrank stehen, damit sich das Gewicht auf eine größere Fläche verteilt.

Anschlüsse

Für Lampen, Heizung, Pumpen etc. benötigen Sie Strom. Achten Sie darauf, dass in der Nähe des Terrariums genügend Steckdosen und Anschlüsse sind.

Grundausstattung

Technisches Equipment

Bei wärmeliebenden Tieren sollten Sie zuerst Heizmatten oder andere Wärmequellen, die das Terrarium neben den Lampen erwärmen, installieren. Achten Sie auf die Bedienungsanleitung. Überlegen Sie, an welche Stellen die Lampen gehängt werden sollen und wie die Wärmeverteilung im Becken sein soll.

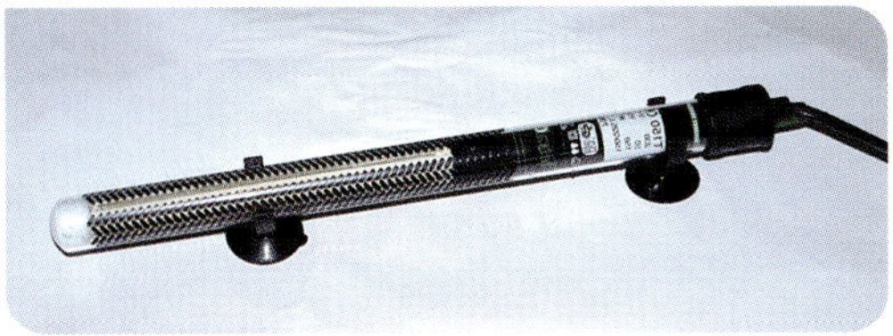

Pumpen

Bei Terrarien mit einem hohen Wasseranteil sollten die Pumpen und Heizstäbe für das Wasser ebenfalls vorab an einer geeigneten Stelle platziert werden. Auch hier kommt es auf das Fabrikat an, für das Sie sich entschieden haben, wie es optimal installiert wird.

Bodengrund und Wasser

Füllen Sie nun den Bodengrund in das Terrarium. Denken Sie daran, Eiablageplätze zu schaffen, die an einem Ort liegen sollten, der dem Temperaturoptimum der jeweiligen Art entspricht. Der Bodengrund sollte hoch genug sein, damit die Tiere bequem darin graben können. Füllen Sie Wasser in den Wasserteil (sofern vorhanden). Vergessen Sie nicht, einen Ausstieg in Form eines Steins oder eines Astes ins Wasser zu legen, damit die Tiere leicht an Land gelangen können.

Probelauf

Lassen Sie Heizung, Lampen und Pumpen einige Tage laufen und überprüfen Sie in dieser Zeit Geräte und Temperatur. Erst wenn alles zufriedenstellend läuft, kommt der Rest.

Inneneinrichtung

Höhlen und Verstecke

Bauen Sie Felsen, Höhlen und Verstecke ein. Gestalten Sie die Rückwand Ihres Terrariums. Auch Steine, auf denen die Tiere ein Sonnenbad nehmen können, werden später gern angenommen.

Pflanzen

Setzen Sie die Pflanzen, die Sie im Terrarium haben möchten, ein. Am besten vergraben Sie sie mitsamt Topf, damit Sie die Pflanzen später gut entnehmen oder zurückschneiden können, ohne dass der ganze Bodengrund mit einem Wurzelgeflecht durchzogen ist. Geeignete Pflanzen finden Sie auf Seite 18 und 19.

Trinknäpfe

Bieten Sie Ihren Tieren Wasserschalen an. Sie sollten gut erreichbar, nicht zu tief und leicht zu reinigen sein. Am besten eignen sich flache, schwere Keramikschalen. Selbst Wüstenbewohner sollten eine Trinkgelegenheit haben.

Fertig zum Einzug

Wenn alles eingerichtet ist, die Temperatur konstant, die Luftfeuchtigkeit entsprechend ist, können Sie die Tiere kaufen und einsetzen. Beobachten Sie sie in den ersten Tagen ruhig genauer, damit sie ihr natürliches Verhalten kennen lernen.

2

Terrarientiere

Die häufigsten Terrarienbewohner

Amphibien und Reptilien

Terrarientiere gibt es nicht. Bei ihnen handelt es sich um Wildtiere, die entweder der Natur entnommen oder in Menschenobhut nachgezüchtet wurden.

Amphibien

Die auch als „Lurche" bezeichnete Wirbeltierklasse Amphibia umfasst drei Ordnungen, von denen jedoch lediglich die Schwanzlurche *(Urodela, Caudata)* und die Froschlurche *(Anura)* Bedeutung für das Terrarium haben. Amphibien sind wechselwarm, das bedeutet, dass ihre Körpertemperatur immer von den Außentemperaturen abhängig ist. Zudem besitzen viele Amphibien eine dünne Haut, die immer leicht feucht bleiben muss, da durch sie auch der Gasaustausch (Atmung) stattfindet. Alle Amphibien ernähren sich ausschließlich von tierischer Kost, das heißt, sie fressen lebende Beutetiere.

Ei, Quappe, Frosch

Die Fortpflanzung der Amphibien erfolgt – bis auf wenige Ausnahmen – außerhalb des Körpers. Nach dem Verschmelzen von Ei- und Samenzellen durchlaufen ihre Nachkommen verschiedene Entwicklungsstadien, bis sie sich vom „Wasserlebewesen" (Kiemenatmung) zum „Landlebewesen" (Lungenatmung) entwickelt haben. Am Ende der Umwandlung (Metamorphose) sehen sie nun auch den Eltern

Krallenfrösche leben rein aquatil und sind keine „Terrarientiere". Man kann sie aber in einem Wasserteil eines Paludariums pflegen, beobachten und vermehren.

Am Ende der Metamorphose sehen sie ihren Eltern bereits ähnlich.

ähnlich und können nach Erreichen der Geschlechtsreife selbst zur Arterhaltung schreiten.

Reptilien

Entgegen einer weit verbreiteten Meinung sind viele Reptilien keine Sonnenanbeter. Nachdem sie ihre Vorzugs-Körpertemperatur, etwa 28–30 °C, erreicht haben, z. B. durch Sonnenbäder oder die Umgebungstemperatur, ziehen sie sich – je nach Art – in Deckungen oder in Gewässer zurück, um dort ihr meist verborgenes Leben zu führen. Dennoch sind sie am besten beim Sonnenbaden zu entdecken und zu beobachten. Wird es den Extremisten unter ihnen zu warm, beginnen viele von ihnen zu hecheln, um anschließend kühlere Stellen aufzusuchen. Viele Gewässerbewohner gleiten nach Erreichen ihrer „Vorzugstemperatur" in das Wasser, um sich dort auf die Jagd nach Nahrhaftem zu begeben. Sinkt die Körpertemperatur auf einen bestimmten Schwellenwert, müssen sie sich durch ein erneutes Sonnenbad aufwärmen.

Cool down – nicht jeder möchte kalte Füße

Mit sinkenden Außentemperaturen sinkt auch die Körpertemperatur der Reptilien. Während Arten aus den gemäßigten Klimabereichen in eine Winterstarre (Überwinterung) fallen, würden Arten aus tropischen und subtropischen Bereichen nach längerem Unterschreiten einer gewissen Temperatur sterben.

Im Lebensraum der Australischen Wasseragame ist es so warm, dass die Echsen sich kaum einmal der Sonne aussetzen.

Nachwuchs unter Kriechtieren

Reptilien vermehren sich auf vielfältige Weise. Nach der Paarung werden die Weibchen trächtig und legen später entweder Eier *(Oviparie, Ovoviparie)* oder die Jungtiere schlüpfen bereits kurz vor der Eiablage im Körper des Weibchens *(Viviparie)*. Selbst Jungfernzeugung (Parthenogenese) ist bei etlichen Reptilien bekannt.

Manche lieben's feucht

Molche, Unken, Frösche

Krokodilmolch

Tylototriton verrucosus

Gesamtlänge: bis 20 cm
Verbreitung und Lebensweise: West-Yunnan (China), Sikkim (Nord-Thailand) und Nord-Myanmar, von der Ebene bis in Mittelgebirgslagen. Lebt in diversen Feuchtgebieten.
Beschreibung: Plumpe Körperform. Auf der einfarbig dunkelbraunen Oberseite befinden sich deutliche Knochenleisten. Rippendrüsen, Kopfseiten und die Zehen sind bei Jungtieren gelbbraun, bei erwachsenen hellbraun gefärbt. Schwanzblatt meist etwas hellere Grundfarbe. Männchen erkennt man an der deutlich hervortretenden Kloake.
Terrarium: B; GF: 60 x 50 cm. Versteckmöglichkeiten bieten. Wasserstand etwa 8 cm, kleine Unterwasserhöhlen und Wasserpflanzen (z. B. Wasserpest) erforderlich. Innenfilter günstig.
Klima: LT und WT: 16–25°C
Futter: Regenwürmer, Mückenlarven, Bachflohkrebse, Nacktschnecken.
Vermehrung: Oktober bis Februar Überwinterung bei 15°C. Anschließend Kloakenregion bei Männchen aufgetrieben. Paarung im Wasser. Weibchen legen Eier an Wasserpflanzen. Aufzucht mit Kleinkrebsen.

Feuersalamander

Salamandra salamandra terrestris

Gesamtlänge: 20–25 cm, max. 31 cm
Verbreitung und Lebensweise: Mittlere- und südliche Westpaläarktis: Europa, NW-Afrika, NW-Küste Kleinasiens. Charaktertier der Mittelgebirge. Bevorzugt Bachränder von Laubwäldern. Kann in zu tiefem Wasser ertrinken!
Beschreibung: Schwarze Grundfarbe mit zahlreichen gelben Flecken und/oder Längsbändern. Kopf wuchtig, große Ohrdrüsen.
Terrarium: B und C; GF: 100 x 50 cm; feuchtes Terrarium für Bodenbewohner, in der Laichzeit Aquaterrarium mit flachem Wasserstand.
Klima: LT 15–20°C, hohe Luftfeuchtigkeit.
Futter: Regenwürmer, Nacktschnecken, Asseln, weiche Insekten.
Vermehrung: Bei 5 °C überwintern. Paarungsspiele im April/Mai. Männchen schieben sich unter Weibchen und setzen Spermaträger ab, die das Weibchen mit der Kloake aufnimmt. Larven werden im Sommer im Wasser (10–15°C) abgesetzt. Aufzucht mit Kleinkrebsen.

Chinesische Rotbauchunke

Bombina orientalis

Länge: 4,6 bis 6 cm
Verbreitung und Lebensweise: O-Sibirien, NO-China (Shantung-Gebirge, Mandschurei), Korea, Japan. Sehr stark an Gewässer gebunden, können kühl (5–6°C) überwintern.
Beschreibung: Bräunliche bis sattgrüne Oberseite mit zahlreichen schwarzen Flecken. Bauch-, Finger- und Zehenspitzen orangerot.
Terrarium: A und B; GF: 80 x 40 cm; Aquaterrarium mit 6–10 cm Wasserhöhe. Steine/Wurzeln genügen als Insel/Landteil. Schwimmpflanzen als Versteckmöglichkeit.
Klima: LT 22–25°C (Sommer), von Mai bis September kann das Terrarium im Freiland stehen, nicht vollsonnig!
Futter: Weiche Insekten, wie Grillen, Heimchen etc., vor allem Regenwürmer.
Vermehrung: Männchen haben nun dunkle Brunftschwielen an den Armen, umklammern die Weibchen und rufen („Hu-hu-hu..."). Laichen nach einem Luftdruckwechsel oder Niederschlägen. Aufzucht der Larven mit Zierfischfutter und zerquetschtem Salat, Löwenzahn, Algen und zerquetschen Mückenlarven.

Abkürzungen:
GF: Grundfläche,
LT: Lufttemperatur,
LF: relative Luftfeuchtigkeit,
WT: Wassertemperatur.

Bananenfrosch

Afrixalus fornasini

Länge: bis 4 cm
Verbreitung und Lebensweise: O-Afrika. Nachts aktive Busch- und Baumbewohner, meist in der Nähe von Gewässern.
Beschreibung: Körper laubfroschartig, Pupille senkrecht. Große Haftscheiben an Finger- und Zehenspitzen, Männchen haben eine große Schallblase. Rücken gewöhnlich mittel- bis dunkelbraun mit zwei breiten, silberweißen Längsstreifen. Können auch miteinander verschmelzen.
Terrarium: D; GF: 60 x 50 cm
Klima: LT 22–26°C, hohe Luftfeuchtigkeit.
Futter: Kleine Insekten, vor allem Fliegen, aber auch andere Gliederfüßer.
Vermehrung: Männchen rufen zirpend. Laich wird in kleinen Ballen in tütenförmig geklebte Blätter über dem Wasserspiegel deponiert. Larven gleiten nach ca. 10 Tagen in das Wasser. Fressen Zierfisch-Trockenfutter, Algen, zerquetschten Salat und Mückenlarven. Ende der Metamorphose nach ca. 3 Monaten.

Amerikanischer Laubfrosch

Hyla cinerea

Länge: bis 6,5 cm
Verbreitung und Lebensweise: SO-Staaten der USA. Vor allem Busch- und Baumbewohner. Dämmerungsaktiv.
Beschreibung: Laubfroschform mit glatter Haut, graugrün bis leuchtend grün. Flankenband teilweise cremefarben.
Terrarium: D; GF: 60 x 50 cm mit vielen Kletterästen und kleinem Wasserteil.
Klima: LT 22–28°C, Wasserteil: 23–25°C
Futter: Insekten aller Art, vor allem fliegende und weiche.
Vermehrung: Im Herbst Frösche 2–3 Wochen fasten lassen, Beleuchtung und Wärmequellen ausschalten und drei Monate sehr feucht überwintern. Anschließend Beleuchtung und Wärmequellen stufenweise einschalten. Sehr häufig sprühen. Rufen die Männchen und treffen auf Weibchen, suchen sie das Wasser auf, Weibchen werden umklammert und das Paar laicht ab. Kaulquappen fressen Pflanzenkost, Zierfisch-Trockenfutter und zerquetschte Mückenlarven.

Australischer Sumpffrosch

Limnodynastes peronii

Länge: bis 6,5 cm
Verbreitung und Lebensweise: Ostküste Australiens. An Gewässer gebunden.
Beschreibung: Hellbraune Oberseite mit glatter Haut und dunklen Fleckchen und manchmal breitem Rückenband. Erinnert an unseren heimischen Grasfrosch. Trommelfell schlecht erkennbar. Gliedmaßen kräftig, Zehen mit kurzen Schwimmhäuten.
Terrarium: A und B. GF: 100 x 50 cm. Ufer mit Kletterpflanzen, die z.T. auch in das Wasser ragen können (z. B. Scindapsus).
Klima: LT 20–29°C, WT ca. 22–25°C
Futter: Gliederfüßer aller Art sowie Regenwürmer und Insektenlarven.
Vermehrung: Durch häufiges Sprühen Regenzeit simulieren. Männchen rufen „Tock-tock-tock". Weibchen formen beim Laichen durch Sekret und Schlagen der Hinterbeine ein Schaumnest, das an der Wasseroberfläche schwimmt. Larvenaufzucht mit zerquetschten Mückenlarven, Zierfisch-Trockenfutter, Salat und Algen einfach.

Rot, Blau, Grün und Kunterbunt

Noch mehr Frösche

Tomatenfrosch

Discophus antongilii

Länge: bis 11 cm
Verbreitung und Lebensweise: Nordwest-Madagaskar. Führen eine recht versteckte Lebensweise zwischen Pflanzen, bzw. auch halb in den Boden eingegraben.
Beschreibung: Kräftiger, glatthäutiger rötlicher Frosch. Kopf flach, Pupillen horizontal, Trommelfell sichtbar. An den Zehen Spannhäute. Schaufelförmiger Mittelfußhöcker.
Terrarium: B oder C mit kleinem Wasserteil. Hoher lockerer Bodengrund.
Klima: LT 25–26 °C, nachts 20 °C. Hohe Luftfeuchtigkeit.
Futter: Weiche Gliederfüßer aller Art und Regenwürmer.
Vermehrung: Im Frühling Trockenzeit simulieren. Bodengrund und Einrichtung trockener werden lassen. Etwa 2 Monate später durch kräftiges mehrmaliges Sprühen täglich „Regenzeit" einleiten. Männchen rufen und begeben sich ins Wasser, Weibchen folgen. Nachts Umklammerung und Laichen. Larven sind Filtrierer (Staubfutter) und das Wasser (ca. 24 °C) muss täglich gewechselt werden.

Blauer Pfeilgiftfrosch

Dendrobates azureus

Länge: 4–6 cm
Verbreitung: Waldinseln der Sipaliwini-Savanne; Surinam, nördliches Südamerika.
Beschreibung: Oberseite durch metallische Blautöne sehr attraktiv. Gliedmaßen meist türkisblau. Rücken und Kopfoberseite hellblau mit schwarzen unregelmäßigen Tupfen. Männchen haben an den Fingern etwas größere Haftscheiben.
Terrarium: B oder C mit kleinem Wasserteil. GF: 60 x 60 cm. Halbierte Kokosnussschalen, schwarze Filmdosen und Bromelien. Täglich sprühen.
Klima: LT 26–28 °C, relative Luftfeuchtigkeit ca. 80 %.
Futter: Kleinste Insekten und andere Gliederfüßer (Arthropoden).
Vermehrung: Haltung paarweise. Während der Balz sind die brummenden Rufe der Männchen kaum wahrnehmbar. Männchen bewacht Gelege an Land und befeuchtet sie. Er transportiert auch die Kaulquappen in das Wasser (23–25 °C). Aufzucht einzeln mit Zierfisch-Trockenfutter, Algen und Salat sowie gehackten Mückenlarven einfach. Metamorphose nach 85–105 Tagen beendet.

Dreifarbiger Giftfrosch

Epipedobates tricolor

Länge: Bis 2,7 cm. Männchen bleiben kleiner.
Verbreitung und Lebensweise: SO-Ecuador und benachbartes Peru (200–800 m ü. NN.). Zwischen dichter Bodenvegetation, besetzen kleine Reviere.
Beschreibung: Rötliche, rotbraune oder sehr dunkle Grundfärbung. Von der Schnauzenspitze bis zum Rumpfende ziehen 3 weiße, gelbliche, rostbraune oder blaue Streifen.
Terrarium: B oder C mit kleinem Wasserteil. Kokosnussschalen und Pflanzen als Versteckmöglichkeiten. Revier bildend.
Klima: LT 18–30 °C, LF 70–90 %.
Futter: Winzige Gliederfüßer, vor allem flugunfähige Fruchtfliegen.
Vermehrung: Trillernde Rufe der Männchen, die dann vom Weibchen aufgesucht werden. Laichen auf glatter Fläche nahe des Versteckes. Männchen bewacht Gelege und trägt die Kaulquappen gleich zu mehreren auf dem Rücken nach dem Schlupf zum Wasser (26 °C). Aufzucht wie Blauer Pfeilgiftfrosch.

Erdbeerfröschchen

Dendrobates pumilo

Länge: bis 2,4 cm
Verbreitung und Lebensweise: Nicaragua, Costa Rica, Panama (bis 1000 m ü. NN). Regenwaldbewohner.
Beschreibung: Körperoberfläche rötlich und spärlich schwarz gemakelt. Hinterbeine oft dunkelbläulich und schwarz marmoriert. Exemplare aus Panama können ganz anders gefärbt sein. Bei ihnen findet man auf gelbem Grund große braune Flecken.
Terrarium: B oder C mit kleinem Wasserteil. GF: 50 x 40 cm. Dicht bepflanzen, Kokosnussschale und Bromelien.
Klima: LT 23–29 °C, LF 80–90 %
Futter: Winzige Gliederfüßer, vor allem flugunfähige Fruchtfliegen.
Vermehrung: Das Männchen lockt das Weibchen durch seine speziellen Rufe („Quärr-Laute"). Das Weibchen folgt in Bromelien, auf Blätter und andere glatte Flächen. Beide befeuchten das Gelege. Das Weibchen transportiert die Kaulquappen auf dem Rücken zu wassergefüllten Bromelien-Blattachseln. Die Larven sind kannibalisch und müssen einzeln aufgezogen werden! Sie werden vom Weibchen durch Nähreier (unbefruchtete Eier) gefüttert.

Mittelmeerlaubfrosch

Hyla meridionalis

Länge: bis 5,5 cm
Verbreitung und Lebensweise: Mittelmeerländer und einige Kanarische Inseln. Nachts aktiver Busch- und Baumbewohner.
Beschreibung: Er sieht dem heimischen Laubfrosch sehr ähnlich, jedoch fehlt dem Mittelmeerlaubfrosch die dunkle Hüftschlinge. Kanarische Exemplare nehmen sehr oft auch eine bräunliche bis graubraune Färbung an und sind häufig auf dem Rücken dunkel gefleckt.
Terrarium: D mit kleinem Wasserteil. GF: 80 x 50 cm. Dicht bepflanzt und Kletteräste.
Klima: LT 20–27 °C, LF 60–80 %. Täglich leicht sprühen.
Futter: Alle weichhäutigen Insekten, vor allem Fliegen.
Vermehrung: Im Winter kühl halten (10 °C), im April Temperatur erhöhen und sprühen. Männchen rufen am Wasserteil Weibchen herbei, die sie dann umklammern. Nach Luftdruckwechsel wird nachts Laich in kleinen Gruppen abgegeben. Larven sind in veralgten Aquarien mit zerquetschten Mückenlarven und Zierfischfutter leicht aufzuziehen.

Korallenfinger

Litoria caerulea

Länge: 10–12 cm
Verbreitung und Lebensweise: N- und O-Australien sowie S-Neuguinea. Dämmerungs- und nachtaktiver Baumbewohner. Oft in Gewässernähe. Sehr standorttreu. Schläft tagsüber auf Ästen.
Beschreibung: Im Gegensatz zur Gattung Hyla haben sie eine horizontal angeordnete Pupille. Körper wirkt sehr plump. Meist grün, manchmal auch braun gefärbt.
Terrarium: D mit Wasserteil, GF: 100 x 50 cm. Nur kräftige Pflanzen und Kletteräste.
Klima: LT 23–28 °C, nachts 20 °C.
Futter: Insekten aller Art sowie deren Larven und auch Spinnen und Würmer.
Vermehrung: In hohem B-Terrarium mit großem Wasserteil. Erst zwei Monate Trockenzeit simulieren, anschließend durch häufiges Sprühen Regenzeit. Männchen umklammert Weibchen im Wasser. Laichballen mit etwa 100–200 Eiern, insgesamt bis 1000 Eier. Aufzucht wie andere „Laubfrösche". Larven auf mehrere Becken verteilen!

Vom Wasser aufs Land

Frösche, Geckos, Nackenstachler

Kubalaubfrosch

Osteopilus septentrionalis

Länge: 6,4–9 cm
Verbreitung und Lebensweise: Kuba, Bahamas und angrenzende Inseln, aber auch im Süden von Florida (USA), Lebensweise wie andere hier genannte Laubfrösche.
Beschreibung: Kräftige hell- bis olivbraune Laubfroschgestalt: Kopfhaut mit knöcherner Schädeldecke verwachsen. Mittelgroßes Trommelfell mit darüber ragender Hautfalte. Finger und Zehen mit großen Haftscheiben ausgestattet. Männchen mit Kehlfalte.
Terrarium: D mit Wasserteil; GF: 100 x 50 cm. Kräftige Pflanzen.
Klima: LT 24–28 °C, nachts niedriger und sprühen! WT 24–25 °C.
Futter: Alle möglichen Insekten und andere Gliederfüßer.
Vermehrung: Männchen bilden schwarze Brunftschwielen an der Innenseite des 1. Fingers und beginnen zu rufen (krächzendes Schnarren). Einrichtung häufig überbrausen. Männchen umklammert Weibchen im Wasser. Aufzucht der Larven wie bei Korallenfinger und anderen beschrieben. Häufiger Wasserwechsel!

Schmuckhornfrosch

Ceratophrys ornata

Länge: bis 12 cm
Verbreitung und Lebensweise: O-Brasilien und Argentinien. Meist im lockeren Bodengrund eingegraben und auf Beute wartend.
Beschreibung: Plumpe Froschgestalt mit großem Kopf und sehr breitem Maul. Herzförmige Zunge. Warzige, leuchtend grüne Haut mit großen rötlichen, schwarzen, gelb gerandeten Flecken. Augenlider höckerartig, nicht spitz.
Terrarium: C; GF: 60 x 60 cm. Sehr lockerer, leicht feuchter Bodengrund.
Klima: LT 22–27 °C
Futter: Insekten, Spinnen und Regenwürmer, auch kleine Mäuse.
Vermehrung: Luftfeuchtigkeit für einige Wochen bei 60–70 %, Lufttemperatur bei ca. 22 °C. Geschlechter vorsichtig zusammensetzen (Kannibalen!). Temperatur und Luftfeuchtigkeit erhöhen. Männchen äußert blökende Rufe (Rinder). Einrichtung mit 30 °C warmem Wasser großzügig überbrausen. Eier werden in Klumpen abgelegt und schwimmen an der Oberfläche. Laich abschöpfen und isoliert schlüpfen lassen. Anschließend Larven einzeln aufziehen, da ebenfalls kannibalisch.

Leopardgecko

Eublepharis macularius

Gesamtlänge: 20–22 cm
Verbreitung und Lebensweise: Kleinasien bis NW-Indien. Sehr ruhiger Bodenbewohner.
Beschreibung: Kräftig gebauter Bodengecko mit grauer Grundfärbung. Bräunliche bis schwarze Rückenflecken, wobei es zu schwachen Querbinden kommen kann. Haut mit warzenartigen Höckerschuppen bedeckt.
Terrarium: F; GF: 60 x 50 cm. Kunsthöhle.
Klima: LT 28–32 °C, nachts 20–22 °C. LF ca. 60 %.
Futter: Insekten und deren Larven, Spinnen und andere Gliederfüßer.
Vermehrung: Überwinterung bei 10–15 °C, anschließend Temperaturen erhöhen. Nun erfolgen Paarungen. Weibchen legen die Eier in Eiablageboxen. Bei künstlicher Inkubation bei 28–30 °C auf feuchtem Vermiculite oder Sand, Schlupf der Jungtiere nach ca. 60 Tagen.

Tokeh

Gecko gecko

Gesamtlänge: bis 30 cm
Verbreitung und Lebensweise: SO-Asien. Dämmerungs- und nachtaktiver Baumbewohner. Sehr unverträglich, Paarweise oder Einzelhaltung empfehlenswert. Vorsicht! Kann kräftig zubeißen.
Beschreibung: Kräftig gebauter Gecko. Oberseite blaugrau bis braungrau mit vielen tiefblauen oder orangeroten Flecken. Pupille vertikal, gelappt. An den Zehen kräftige Haftlamellen.
Terrarium: D; GF: 100 x 80 cm, mindestens 1 m hoch! Sehr kräftige Kletteräste, widerstandsfähige Pflanzen. Kräftige Korkeichen-Röhre als Versteck im oberen Bereich hochkant einbringen.
Klima: LT: 25–32 °C, nachts ca. 20 °C. LF: 80–90 %. Häufig sprühen.
Futter: Insekten und deren Larven, auch junge Mäuse.
Vermehrung: Nach der Paarung klebt das Weibchen die ca. 18 x 20 mm großen Eier an Scheibe oder Ast. Beide Eltern bewachen das Gelege. Kann man die Eier mit der Unterlage in einen Brutapparat geben, schlüpfen bei 25–30 °C die Jungtiere nach 100–120 Tagen. Aufzucht einfach.

Großer Madagaskar-Taggecko

Phelsuma madagascariensis grandis

Gesamtlänge: bis 30 cm
Verbreitung und Lebensweise: O-Madagaskar, Sainte Marie. Tagaktiver Baumgecko.
Beschreibung: Leuchtend grüne Grundfarbe. V-förmige Kopfzeichnung und auf dem Rücken bilden weitere rote Flecken Doppelreihen.
Terrarium: D; GF: 100 x 50 cm. Wassernapf. Oben offene Bambusstäbe, in die Weibchen gut hineinpassen.
Klima: LT 25–28 °C, LF 50–70 %.
Futter: Insekten und deren Larven sowie andere Gliederfüßer.
Vermehrung: Nach den Paarungen legen die Weibchen in Abständen von 2–4 Wochen in die oben offenen Bambusstäbe meist Doppeleier, manchmal auch nur 1 Ei. Nach dem Aushärten der Schale lässt man die Eier herausrollen und überführt sie in einen Brutapparat. Ihre Lageveränderung ist im Gegensatz zu anderen Echseneiern unproblematisch. Bei 28 °C schlüpfen Jungtiere nach etwa 50–55 Tagen.

Nackenstachler

Acanthosaura armata

Gesamtlänge: maximal bis 30 cm
Verbreitung und Lebensweise: S-Thailand, Halbinsel Malaysia, Pulau Tioman, Penang, Singapur, Anamba-Inseln. Tagaktiver Baumbewohner. Flieht häufig auf den Boden, um dort ein Versteck zu suchen. Sitzt gern auf erhöhten Sitzwarten.
Beschreibung: Dreieckig wirkender Kopf mit scharfkantigen Augenbrauenbögen. Kurz hinter der höchsten Stelle findet man einen langen Stachel, der an der Basis von weiteren kleineren Stacheln umgeben ist. An beiden Seiten des Nacken- und Rückenkammes befinden sich weitere Stacheln. Insgesamt bestehen Nacken- und Rückenkamm aus stachelartigen Schuppen mit 2–3 Reihen kleinerer Basisschuppen.
Terrarium: D; GF: 80 x 50 cm. Wassernapf nicht vergessen.
Klima: LT 23–27 °C, LF 50–80 %.
Futter: Insekten und deren Larven, Spinnen und andere Gliederfüßer.
Vermehrung: Weibchen legen meist 12–15 Eier in eine selbst gegrabene Nistgrube. Inkubiert man sie bei Temperaturen zwischen 24–26 °C, schlüpfen die Jungtiere nach etwa 180–190 Tagen. Aufzucht einfach.

Sexy Echsie

Agamen, Leguane und Anolis

Bartagame

Pogona vitticeps

Gesamtlänge: bis 50 cm
Verbreitung und Lebensweise: Australien. Leben vorwiegend in trockenen, zum Teil auch in felsigen Regionen. Innerhalb der Populationen gibt es eine strenge Rangordnung.
Beschreibung: Ihr Körper ist recht abgeflacht. Der breite Kopf wirkt massig und ist mit einem charakteristischen „Bart" ausgestattet. Die hinteren Kehl- und Kopfseitenschuppen sind stachelig verlängert und können gespreizt werden. Färbung auch stimmungsabhängig gelblich bis fast schwarz.
Terrarium: F; GF: 125 x 100.
Klima: LT 25–40 °C
Futter: Gliedertiere aller Art.
Vermehrung: Nach der Paarung gräbt das Weibchen später eine Grube, in die es zwischen 11–27 Eier legen kann. Bei 26–30 °C dauert es bis zum Schlupf der Jungtiere etwa 76–105 Tage.

Australische Wasseragame

Physignatus lesueurii

Gesamtlänge: bis zu 1 m
Verbreitung und Lebensweise: S-Neuguinea, O-Australien. Leben an Gewässern und halten sich in deren Nähe auf. Ausgezeichnete Schwimmer und Taucher.
Beschreibung: Grundfarbe grau bis graubraun. Ein schwarzer Hinteraugenstreifen zieht sich über das Trommelfell bis zum Nacken. Vom Hals bis zum Schwanz reicht eine barrenförmige Zeichnung sowie ein gezackter Rückenkamm, der bei Männchen besonders ausgeprägt ist.
Terrarium: B; GF: 200 x 200 cm, Höhe ebenfalls 2 m. Kletteräste über dem großen Wasserteil.
Klima: LT 25–28 °C, WT 25 °C
Futter: Tierische Kost aller Art und Obst.
Vermehrung: Trächtige Weibchen graben eine etwa 20 cm tiefe Nistgrube und legen darin 8–12, maximal 20 Eier. Künstlich bebrütet bei 26–30 °C schlüpfen die Jungtiere nach 67–105 Tagen.

Jemenchamäleon

Chamaeleon calyptratus

Gesamtlänge: bis 47 cm
Verbreitung und Lebensweise: Jemen, Saudi-Arabien. Baumbewohner. Suchen jedoch hin und wieder auch den Boden auf.
Beschreibung: Kräftige, sehr bunte Art. Die angegebene Größe gilt nur für Männchen, Weibchen bleiben kleiner. Männchen erkennt man auch am deutlich größeren „Helm".
Terrarium: D; GF: 120 x 60 cm.
Klima: LT 25–35 °C
Futter: Vorwiegend tierische Kost. Hin und wieder auch Früchte.
Vermehrung: Trächtige Weibchen graben eine Grube, in die sie 20 bis 50 Eier legen, manchmal mehr! Bei 22–32 °C bebrütet, schlüpfen Jungtiere nach 168–220 Tagen.

Grüner Leguan

Iguana iguana

Gesamtlänge: 100–150 cm
Verbreitung und Lebensweise: S-Mexiko bis in das zentrale Südamerika.
Beschreibung: Überwiegend grüne Grundfarbe, manchmal auch bräunlich oder gräulich. Färbung kann von dunklen Querbändern unterbrochen werden. Charakteristisch ist der Rückenkamm und der große Kehlsack.
Terrarium: B oder D; GF: 350 x 200 cm. Ebenfalls 2 m hoch und mit kräftigen Kletterästen.
Klima: LT 25–30°C, LF 80–90%
Futter: Jugendliche mehr tierische, Erwachsene vor allem pflanzliche Kost.
Vermehrung: Die trächtigen Weibchen suchen einen Eiablageplatz und graben eine tiefe Nistgrube, in die sie 10 bis 60 Eier legen können. Bei Temperaturen von 28–32 °C schlüpfen Jungtiere nach 65–100 Tagen.

Brauner Anolis

Anolis sagrei

Gesamtlänge: bis 20 cm
Verbreitung und Lebensweise: Kuba, Cayman Inseln, Florida, Mexiko an der Atlantikküste, Belize und W-Jamaika. Bevorzugen die offene Landschaft und sind sehr anpassungsfähig. „Hängen" oft mit dem Kopf nach unten auf Sitzwarten.
Beschreibung: Hell- oder dunkelbraune Grundfarbe, manchmal gräulich. Sehr variabel gezeichnet. Weibchen meist mit Rautenzeichnung auf dem Rücken, Männchen haben größeren Kopf und größere Kehlfahne. Diese ist rot bis orange.
Terrarium: D; GF: 80 x 60 cm. Kräftige senkrechte Kletteräste. Wassernapf.
Klima: LT 25–30 °C
Futter: Gliedertiere aller Art.
Vermehrung: Trächtige Weibchen legen immer nur 1 Ei in kleine Gruben, die sie dann zuscharren. 12–15 Eiablagen pro Saison möglich. Bei 23–28 °C schlüpfen Jungtiere nach etwa 36–45 Tagen.

Zauneidechse

Lacereta agilis

Gesamtlänge: 22–28 cm
Verbreitung und Lebensweise: Europaweit. Große Palette unterschiedlicher Lebensräume, die jedoch Sonnenplätze haben müssen. Leben zeitweise paarweise in einem Revier zusammen.
Beschreibung: Männchen haben hauptsächlich eine breite braune Längsbinde von Nasenlöchern bis zum Schwanz. Flanken vor allem zur Paarungszeit grünlich mit diversen dunkel umrandeten gelblichen Punkten und Fleckchen. Weibchen meist insgesamt gräulich bis bräunlich und ebenfalls mit gelblichen Ozellen auf den Flanken.
Terrarium: C; GF: 100 x 50 cm
Klima: LT 20–35 °C
Futter: Gliedertiere aller Art, Asseln, Tausendfüßer und Würmer.
Vermehrung: Weibchen können ein- bis zweimal im Jahr Eier legen. Dazu scharren sie eine Grube und legen dort 4–14 Eier hinein. Bei Temperaturen zwischen 25–32 °C schlüpfen Jungtiere nach 41–43 Tagen.

Von Stacheln, Gürteln und Strumpfbändern

Leguane, Nattern und Pythons

Mexikanischer Stachelleguan

Sceloporus poinsetti

Gesamtlänge: bis 26 cm
Verbreitung und Lebensweise: N-Mexiko (Chihuahua, Coahuila, Durango und Bnuevo Leon), USA (S-New Mexiko, SW-Texas). Leben in den trockenen felsigen Hängen der Sierra Madre.
Beschreibung: Beide Geschlechter besitzen ein schwarzes Halsband. Es ist an den Seiten verbreitert und gelb eingefasst. Männchen haben eine türkisblaue Kehle und je zwei türkisblaue und schwarze Streifen am Bauch unterhalb der Flanken. Weibchen fehlt diese Zeichnung.
Terrarium: E; GF: 75 x 60 cm, sollte mindestens 80 cm hoch sein.
Klima: LT 30–35 °C, lokal 45 °C.
Futter: Vorwiegend Gliedertiere aller Art, aber auch Pflanzen (z. B. Löwenzahn).
Vermehrung: Lebendgebärend. Weibchen können pro Wurf bis zu 16 Jungtiere absetzen.

Zwerggürtelschweif

Cordylus tropidosternum

Gesamtlänge: bis 18 cm
Verbreitung und Lebensweise: Südliches Afrika, nördlich bis S-Äthiopien. Leben versteckt in steinigen, trockenen Gebieten, weniger in felsigen Bereichen. In den Buschsteppen kann man sie auch unter liegenden Baumstämmen und Steinen finden.
Beschreibung: Grundfarbe besteht aus verschiedenen Brauntönen. Frisch importierte Exemplare sind von der eisenhaltigen Erde ihrer Heimat oft rötlichbraun. Geschlechter sind kaum unterscheidbar.
Terrarium: F; GF: 70 x 40 cm. Eingegrabene Kunsthöhle und Steinaufbau.
Klima: LT 25–30 °C, lokal bis 35 °C.
Futter: Gliedertiere aller Art, vor allem Insekten.
Vermehrung: Überwintern bei Zimmertemperatur, nachts 12–15 °C. Beleuchtung ausgeschaltet lassen. Anschließend erfolgt die Paarungszeit. Die Echsen sind lebendgebärend. Tragzeit dauert ca. 4 Monate, 3–5 Jungtiere pro Wurf.

Strumpfbandnatter

Thamnophis sirtalis

Gesamtlänge: bis 130 cm
Verbreitung und Lebensweise: S-Kanada, USA, N-Mexiko. Tagaktiv und gewöhnlich immer in Gewässernähe. Bevorzugt feuchte, sumpfige Gebiete. Lebt aber auch auf Feldern, Wiesen und in Wäldern.
Beschreibung: Es sind 11 Unterarten bekannt. Ihre Grundfarbe kann schwarz, braun, grünlich, aber auch gelblich sein. Typisch sind der Rückenstreifen und die beiden Seitenstreifen. Männchen bleiben deutlich kleiner als Weibchen.
Terrarium: B oder C; GF: 120 x 75 cm. Je nach Größe der Tiere Wasserteil oder größere Wasserschale erforderlich. Hohl liegende Rindenstücke bieten Versteckmöglichkeiten.
Klima: LT 20–30 °C, lokal 35 °C.
Futter: Fische, Regenwürmer, Schnecken, frisst auch Rindfleischstreifen und Hackfleischbällchen.
Vermehrung: Überwinterung 2–3 Monate bei 5–15 °C, anschließend Paarungszeit. Trächtigkeitsdauer ca. 3 Monate. Weibchen können pro Wurf 12–40 Jungtiere gebären.

Gebänderte Wassernatter
Nerodia fasciata

Gesamtlänge: 60 bis 120 cm, selten bis 140 cm.
Verbreitung und Lebensweise: USA (Nordcarolina, Südcarolina, Georgia, Florida, Alabama, Mississippi, Arkansas, Louisiana, Texas, Oklahoma, Missouri, Kentucky, Illinois und Indiana). Stets an Gewässern lebend.
Beschreibung: Körperschuppen stark gekielt. Sehr variabel gefärbt. Körper entweder grau, graubraun, dunkelbraun, schwarzbraun, rotbraun bis kupferfarben mit breiten, gelbbraunen, schwarzbraunen oder rotbraunen Querbändern, die hell gerandet sein können. Vom Auge zum Mundwinkel verläuft ein dunkles Band.
Terrarium: B; GF: 100 x 50 cm. Rindenstücke als Versteckmöglichkeit.
Klima: LT 20–28 °C, lokal 35 °C.
Futter: Regenwürmer, Fische, Amphibien. Fischstückchen, kleine Mäuse.
Vermehrung: Überwinterung bei 8–12 °C für 10–12 Wochen. Südliche Exemplare 4–6 Wochen bei ausgeschalteter Beleuchtung und etwas herabgesetzter Temperatur. Lebendgebärend. Ein Wurf kann bis zu 57 Jungtiere bringen.

Königspython
Python regius

Gesamtlänge: Bis 180 cm, meist kleiner.
Verbreitung und Lebensweise: West- bis Zentralafrika. Lebt vor allem in Savannen, Trockenwäldern und am Rand der Regenwaldzonen.
Beschreibung: Grundfarbe goldfarben bis olivbraun. Dunkle Querbänder in unterschiedlichen Abständen. Kopfoberseite dunkel, von der Nasenspitze bis zum Hinterhaupt zieht ein gelblicher Streifen. Diverse Zuchtfärbungen.
Terrarium: D; GF: 180 x 90 cm. Kräftige Kletteräste, Wassernapf. Auf keinen Fall Wildfänge erwerben.
Klima: LT: 26–30 °C, lokal 35 °C; LF: ca. 60 %, Im Herbst und Frühjahr höher.
Futter: Kleinsäuger, vor allem Mäuse.
Vermehrung: Simulation von Trocken- und Regenzeiten. Weibchen legen meist nur alle zwei Jahre 4–8, maximal 15 Eier. Bei 29–32 °C schlüpfen Jungtiere nach 55–71, manchmal auch erst nach 105 Tagen.

Dreistreifen-Klappschildkröte
Kinosternon bauri

Panzerlänge: 7,5–12 cm.
Verbreitung und Lebensweise: Osten der USA (Virginia bis Florida). Hält sich vor allem in stehenden Gewässern und Sumpfgebieten mit dichter Vegetation und weichem Boden auf.
Beschreibung: Rückenpanzer bräunlich bis schwarz und mit drei hellen Längsstreifen. An jeder Kopfseite 2 helle Streifen. Bauchpanzer gelblich bis hellbraun mit einigen grauen Flecken. Panzer kann durch die beweglichen Bauchpanzerteile fast vollständig geschlossen werden. Männchen hat eine dickere Schwanzwurzel.
Terrarium: A oder B; GF: 50 x 50 cm. Wasserpflanzen, z. B. Wasserpest. Einzelhaltung empfehlenswert. Trächtige Weibchen benötigen höher liegenden Landteil mit grabfähigem Bodengrund.
Klima: LT 26–28 °C, WT 25 °C
Futter: Fleisch- und Fischstückchen, Regenwürmer etc.
Vermehrung: Eine 2-monatige Überwinterung ist empfehlenswert. Männchen zum Weibchen setzen. Weibchen legen pro Gelege meist 2–3 Eier. Bei 25–30 °C schlüpfen Jungtiere nach ca. 120 Tagen.

Gut gepanzert

Schildkröten

Zierschildkröte

Chrysemys picta

Panzerlänge: bis 25 cm
Verbreitung und Lebensweise: S-Kanada, O-USA (Nova Scotia bis N-Georgia). Stark an Gewässer gebunden und sonnen sich häufig.
Beschreibung: Rückenpanzer grüngrau bis grünlich braun. Heller Saum vorn entlang der Rippenschilder. Bauchpanzer gelb und manchmal mit schmalem Mittelstreifen. Kopf, Hals, Beine und Schwanz mit typischer rötlicher/gelblicher Flecken- und Linienzeichnung.
Terrarium: A oder B. GF: 120 x 60 cm für 2 Tiere. Trächtige Weibchen benötigen B mit einem höher liegenden Landteil mit grabfähigem Substrat. Können in den Sommermonaten auch im Freiland (ausbruchsicher) gehalten werden.
Klima: LT 26–29 °C, lokal 35 °C; WT um 22–25 °C
Futter: Vorwiegend tierische Kost.
Vermehrung: Ungefähr zwei Monate bei 4–8 °C kühl überwintern, anschließend finden Paarungen statt. Weibchen können pro Gelege zwischen 2–14 Eier legen. Es sind 1–2 Gelege pro Jahre möglich. Bei 24–29 °C schlüpfen die Jungtiere nach 65–80 Tagen.

Chinesische Dreikielschildkröte

Chinemys revesii

Panzerlänge: 15–18, selten bis 25 cm.
Verbreitung und Lebensweise: Mittel- und SO-China, Korea, Japan. Lebt in Flüssen, Seen, Teichen und wasserführenden Gräben mit z. T. dichter Vegetation.
Beschreibung: Rückenpanzer bräunlich bis fast schwarz mit 3 Kielen. Bauchpanzer schwarz oder Nähte hell abgesetzt. Hinter den Augen findet man je 2–3 Schnörkellinien, die am Hals weiterführende helle Punkt- und Strichreihen bilden. Männchen haben eine dickere Schwanzwurzel.
Terrarium: A oder B; GF: 100 x 50 cm für 2 Tiere. Weibchen benötigen B mit höher liegendem Landteil und grabfähigem Substrat.
Klima: LT 23–26, lokal 35 °C; WT ca. 22–25 °C
Futter: Tierische Kost.
Vermehrung: Etwa 6–8 Wochen Überwinterung bei kühleren Temperaturen. Weibchen können pro Gelege 2–6 Eier legen. Bei 28–30 °C schlüpfen Jungtiere nach 63–70 Tagen. Es sind bis zu 3 Gelege pro Jahr möglich.

Tropfenschildkröte

Clemmys guttata

Panzerlänge: 8–13 cm
Verbreitung und Lebensweise: SO-Kanada und USA. Lebt in vorwiegend kleinen weichgrundigen Gewässern. Schwimmen nur unbeholfen und wandern meist im Flachwasser am Grund eines Gewässers.
Beschreibung: Rückenpanzer schwarz mit gelblichen Punkten. Bauchpanzer gelb mit großen schwarzen Flecken. Männchen mit bräunlichem Kinn, Weibchen eher mit gelblichem.
Terrarium: A oder B; GF: 80 x 50 cm. Einzelhaltung empfehlenswert. Weibchen B mit höher liegendem Landteil und grabfähigem Substrat (Eiablage). Wasserstand nur flach.
Klima: LT 25–27 °C, lokal 35 °C; WT: 22–25 °C
Futter: Tierische Kost (z. B. Fisch- und Fleischstreifen, Regenwürmer, „Mehlwürmer"). Jungtiere auch Kleinkrebse.
Vermehrung: Etwa 2 Monate bei 4–6 °C dunkel überwintern. Anschließend Temperaturen wieder normal. Nun Männchen zu Weibchen setzen. Ein Gelege umfasst 2–3 Eier. Bei 27–30 °C schlüpfen die Jungtiere nach 55–65 Tagen.

Europäische Sumpfschildkröte

Emys orbicularis

Panzerlänge: 11–20 cm
Verbreitung und Lebensweise: Europaweit, NW-Afrika und SW-Asien. Leben in Tümpeln, Teichen, wassergefüllten Gräben mit Vegetation.
Beschreibung: Rückenpanzer schwarz, relativ flach und gelblich gepunktet und/oder gestrichelt. Bauchpanzer gelblich. Weichteile und Kopf schwarz und gelblich gepunktet oder getupft.
Terrarium: A oder B; GF: 120 x 60 für 2 Tiere. Weibchen B mit höher liegendem Landteil und grabfähigem Substrat. Können auch ganzjährig in größeren Gruppen in einer Freilandanlage mit Teich (ausbruchsicher) gehalten werden.
Klima: LT 25–30 °C, lokal 35 °C. WT 22–26 °C
Futter: Tierische Kost (z. B. Fisch- und Fleischstreifen, Regenwürmer).
Vermehrung: 3–4 Monate bei 4–8 °C dunkel überwintern. Anschließend kommt es zu Paarungen, Weibchen legen pro Gelege 4–12 Eier. Innerhalb eines Jahres sind 1–3 Gelege möglich.
Bei 25–30 °C schlüpfen Jungtiere nach 55–65 Tagen.

Falsche Landkarten-Höckerschildkröte

Graptemys pseudogeographica

Panzerlänge: 14,5–27,3 cm
Verbreitung und Lebensweise: USA (N-Dakota bis NW-OHIO, südlich bis Louisiana und O-Texas).
Beschreibung: Rückenpanzer oliv bis braun. Auf den Rippenschildern netzförmige Zeichnung, an den Randschildern helle Linien. Mittelkiel endet auf dem 2. und 3. Wirbelschild in einem höckerartigen dunklen Sporn. Bauchpanzer gelblich mit dunkler symmetrischer Zeichnung. Weichteile grau bis oliv. Schmale gelbe Hinteraugenlinie, kleiner gelber Hinteraugenfleck.
Terrarium: A oder B. GF: 120 x 60 cm für 2 Tiere. Weibchen nur B mit höher liegendem Landteil und grabfähigem Substrat.
Klima: LT 25–28 °C, lokal 35 °C, WT ca. 22–25 °C
Futter: Vorwiegend tierische Kost.
Vermehrung: Einige Wochen etwas kühler halten, anschließend Temperaturen wieder erhöhen. Paarungen erfolgen. Pro Gelege kann das Weibchen 3–6 Eier legen, mehrere Gelege im Jahr möglich.
Bei 25–32 °C schlüpfen Jungtiere nach 55–70 Tagen.

Moschusschildkröte

Kinosternon carinatum

Panzerlänge: bis 15 cm
Verbreitung und Lebensweise: S-USA. Lebt an vegetationsreichen Stellen im Flachwasserbereich von Bächen, Flüssen und Schwemmbereichen.
Beschreibung: Rückenpanzer hell hornfarben oder hellbraun oliv. Weibchen erscheinen oft heller gefärbt. Dunkler Rand an den Schildnähten. Wirbelschilder laufen nach hinten spitz zu. Hornschilder des Bauchpanzers entlang der Mittellinie rückgebildet und durch helle Hautpartien ersetzt. Bindeartiges Quergelenk zwischen Brust- und Bauchschilder. Nase länglich, 3–4 Kinnbarteln.
Terrarium: A oder B; GF: 80 x 50 cm. Einzelhaltung empfehlenswert. Weibchen B mit höher liegendem Landteil und grabfähigem Substrat. Wasserstand flach! Einzelhaltung sinnvoll.
Klima: LT 22–25 °C, WT 20–25 °C, lokal 30 °C
Futter: Tierische Kost.
Vermehrung: Einige Zeit etwas kühler halten. Anschließend Geschlechter zusammensetzen. Nach Paarungen wieder trennen. Gelege bestehen oft aus 2 Eiern. Bei 27–30 °C schlüpfen Jungtiere nach etwa 3 Monaten.

Auf einen Blick

Terrarientiere kaufen

Checkliste für den Reptilienkauf

- → Sind die angebotenen Tiere artgerecht untergebracht?
- → Sind die Terrarien sauber und machen einen gepflegten Eindruck?
- → Sind die Terrarien nicht überbesetzt?
- → Befinden sich keine kranken oder sogar toten Tiere in den Terrarien?
- → Kennt sich der Verkäufer mit der ausgesuchten Art auch aus?
- → Kann er Ihnen sagen, woher die Tiere stammen?

Wenn man nicht alle Fragen mit einem klaren „Ja" beantworten kann, sollte man die Finger von den Tieren lassen.

Wo man Tiere kaufen kann

Nachzuchten vom Züchter

Sie haben sich für eine Amphibien- oder Reptilienart entschieden? Und nun wollen Sie wissen, wo Sie diese bekommen? Am besten ist es, wenn Sie direkt von einem Züchter gesunde Nachzuchten erwerben. Dann können Sie sich nicht nur auch die Elterntiere zeigen lassen, sondern haben vermutlich auch gleich eine kompetente Person, die Ihnen Tipps zur optimalen Haltung liefern kann. Adressen bekommt man z. B. über die Deutsche Gesellschaft für Herpetologie und Terrarienkunde e. V. (DGHT).

In Zoogeschäften

Die meisten Einsteiger wenden sich an den Zoohändler. Leider werden dort oft fast ausschließlich Wildfänge angeboten und zudem auch noch häufig von unqualifiziertem Personal. Allerdings gibt es auch Läden, die sich ausschließlich auf Terrarientiere spezialisiert haben und von leidenschaftlichen Terrarianern geführt werden, die ihr Hobby zum Beruf gemacht haben. Daher ist es wichtig, sich die im Zoogeschäft oder die vom jeweiligen Anbieter vorhandenen Terrarien genau anzusehen.

Reptilienbörsen

Auch Reptilienbörsen sind nicht immer unproblematisch: Bietet Ihnen dort ein Züchter seine Nachzuchten an, vereinbaren Sie mit ihm lieber einen Termin bei ihm zu Hause.

Gesund und munter

Glanz im Auge
Die Tiere sollten glänzende Augen, einen sauberen Po und glatte Haut ohne Hautfetzen aufweisen. Sie sollten ihrem Artspektrum entsprechend gefärbt sein. Nur wenn sie sich gerade häuten – eine natürliche Verhaltensweise bei Reptilien – können die Augen bei Schlangen vorübergehend trüb erscheinen. Die Reptilien streifen ihre alte Hautschicht ab, die neue darunter ist glatt und glänzend.

Idealgewicht
Die Tiere sollten nicht zu dünn (Becken- und Schwanzknochen sind deutlich sichtbar) oder zu dick (breiter Bauch, schwerfällig im Bewegungsablauf) sein. Sie sollen möglichst ihre natürlichen Verhaltensweisen zeigen.

Bewegungsablauf
Wenn die Tiere laufen, sollten sie nicht humpeln, ein Bein merkwürdig gewinkelt halten oder hinterherziehen. Schauen Sie sich die Füße an, ob alle Zehen vorhanden sind und die Krallen nicht zu lang sind.

Nehmen Sie sich Zeit

Zuschauen und beobachten
Setzen Sie sich vor das Terrarium und beobachten Sie die Tiere. Lassen Sie sich Zeit und schauen Sie einfach zu. Wer ist agil und rege? Sonnen sich die Tiere oder verstecken sie sich? Fressen sie? Wenn mehrere Tiere in einem Terrarium gehalten werden: Wie gehen sie mit ihren Artgenossen um?

Futter
Sprechen Sie mit dem Händler/Züchter: Wie werden die Tiere ernährt? Stammen sie aus Nachzuchten oder sind es Wildfänge? Manche Wildfänge weigern sich nämlich über einen langen Zeitraum, das ihnen angebotene Futter anzunehmen. Besonders bei Schlangen ist es einfacher, wenn sie bereits an tote Mäuse gewöhnt sind.

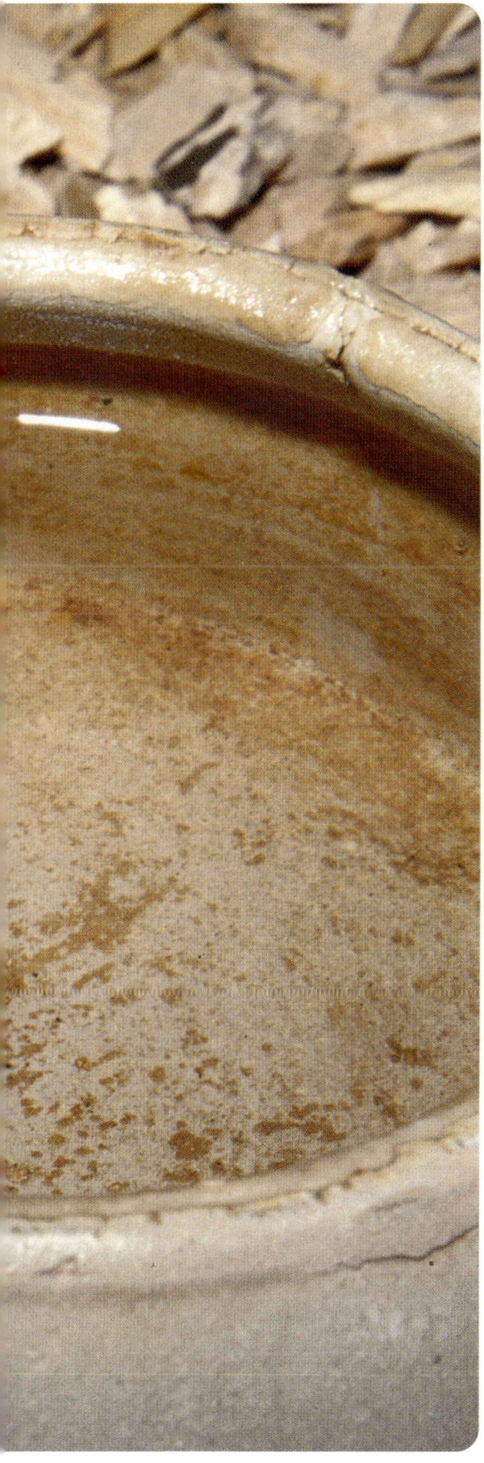

3

Ernähren und pflegen

Gesunde Futter

Richtig ernähren

Wanderheuschrecken gibt es in unterschiedlichen Größen und sie werden gern gefressen.

Neben der artgerechten Unterbringung muss der Halter dafür sorgen, dass die Pfleglinge abwechslungsreich und richtig ernährt werden. Natürlich können im Rahmen dieses Buches nur grundsätzliche Futtervorschläge unterbreitet werden.

Die richtigen Beutetiere

Amphibien und fleischfressende Reptilien decken ihren Nährstoffbedarf überwiegend durch Fette und Proteine (Eiweiß). Allesfresser nehmen in ihrer stärksten Wachstumsphase vor allem mehr Fette und Proteine als Kohlenhydrate und Fasern auf. Gerade Amphibien und jene Reptilien, die Insekten und andere Gliedertiere, aber auch Kleinsäuger verzehren, erhalten über den Mageninhalt ihrer Beutetiere die notwendigen Mineralien, Spurenelemente, aber auch Vitamine. Dies gilt auch für Regen- und Tauwürmer, die jedoch nicht von allen Fleischfressern akzeptiert, von anderen dagegen bevorzugt werden.

Eine gesunde Ernährung beugt Krankheiten vor.

Alle Amphibien (hier: Chinesische Rotbauchunke) benötigen lebende Beutetiere, deren Bewegung sie wahrnehmen müssen.

Gut gefüttertes Futter

Bei der Beschaffung oder Zucht der Futtertiere sollten Sie unbedingt auf deren Qualität achten, auch dass die Futtertiere selbst optimal ernährt werden. Frisch geschlüpfte Insekten haben normalerweise noch keinen hohen Nährwert. Erst wenn sie einige Zeit hochwertige Nahrung aufgenommen haben, kann man sie verfüttern. Auch die häufig verfütterten Larven des Schwarzkäfers (*Tenebrio molitor*), bekannt als „Mehlwürmer“, können je nach Ernährung ein Calzium/Phosphor-Verhältnis zwischen 1:3 bis 6:7 aufweisen. Dies gilt im übrigen auch für andere Insekten und deren Larven! Insektenfresser erhalten über ihre Nahrung oft zu wenig Mineralien, denn die Gliedertiere besitzen kein Kalkskelett sondern eine Chitinhülle. Dieses Defizit wird in der Natur durch die Wahl verschiedener Beutetiere ausgeglichen. Deshalb sollte man abwechslungsreich füttern.

Zwerggürtelschweif mit Grille.

Calciumreiche Insekten

Um ihren Nährwert zu erhöhen, bieten viele Terrarianer den Futtertieren erst einmal für 2–3 Tage hochwertiges Futter, wie z. B. Trockenfutter für Katzen und Hunde, an. So kann man durch calciumreiche Nahrung den Calciumgehalt der Futterinsekten erhöhen. Um sie mit Calcium anzureichern, kann man die Futtertiere außerdem vor dem Verfüttern mit einem Mineralstoffpräparat einstäuben.

Mäuse und Ratten

Beim Verfüttern von Kleinsäugern erhalten vor allem große Amphibien, Schildkröten, Schlangen und Echsen hochwertige Proteine, Vitamine, Mineralien und Spurenelemente. Dies gilt vor allem für junge Kleinsäuger. Alte Mäuse oder Ratten sind dagegen oft arm an Proteinen und Fetten. Natürlich bietet man nur abgetötete Kleinsäuger an, vor allem Mäuse- und Rattenbabys. Man kann sie im eingefrorenen Zustand erwerben und ohne nennenswerte Nährwertverluste längere Zeit aufbewahren. Was oft übersehen wird: Mäuse- und Rattenbabys enthalten nur wenig Calcium und Vitamin A. Also sollte man auch sie vor dem Verfüttern und nur im völlig aufgetauten Zustand, mit einem Mineralstoff- und Vitaminpräparat einstäuben. Dadurch vermeidet man Mangelerscheinungen.

Tipp

„Geimpfte“ Mäusebabys

Im Übrigen lassen sich Medikamente oral sehr gut über Mäusebabys an die Pfleglinge bringen, wenn man das Medikament in die Maus injiziert. Dies bietet sich vor allem an, wenn Schlangen oder Echsen beim Geruch von Medikamenten die damit verbundene Nahrung verweigern.

Die Kleinen mit der großen Wirkung

Vitamine, Mineralien und Spurenelemente

Allesfresser, wie z. B. die Mali-Dornschwanzagame, verzehren sowohl pflanzliche …

… als auch tierische Kost.

Vitamine

Vitamine sind sehr unterschiedlich gebaute organische Substanzen, die für den geregelten Ablauf der Lebensvorgänge unentbehrlich sind. Sie sind als fermentartige Wirkstoffe für den Stoffwechsel von größter Bedeutung und wirken bereits in sehr geringen Mengen. Ihr Fehlen führt zum Tod. Man unterscheidet fettlösliche (A, D, E und K) und wasserlösliche Vitamine (B1, B2, B6, B12, C, Nicotinsäureamid, Folsäure, H). Vitamine sind pflanzlichen Ursprungs und müssen mit der Nahrung aufgenommen werden, denn der Organismus kann sie nicht selbst herstellen. Bei der Bildung von Vitaminen des B-Komplexes und des Vitamin K sind Darmbakterien beteiligt. Vor allem bei der Aufzucht von Reptilien ist auf ein Vitamin besonders hinzuweisen: Vitamin D bildet sich unter UV-Strahlung aus einem in der Haut vorkommenden Provitamin (Ergosterin)! Pflanzenfressende Reptilien nehmen mit ihrer Nahrung automatisch auch die notwendigen Vitamine auf. Rein carnivor lebende Amphibien und Reptilien erhalten Vitamine häufig durch den Mageninhalt ihrer Beutetiere. Neben Vitaminen müssen die Echsen auch ausreichend mit Mineralien und anderen Stoffen versorgt werden.

Mineralien und Spurenelemente

Mit ungefähr 70 % machen Calcium (Ca) und Phosphor (P) den größten Anteil der mineralischen Bestandteile des Körpers aus. Diese beiden Stoffe stehen in ständiger Wechselbeziehung miteinander. Das Skelett enthält z. B. etwa 99 % des Körpercalciums und ungefähr 85 % des Körperphosphors. Wird der Organismus nicht ausreichend mit beiden Mineralien versorgt, führt dies bei Jungtieren zu Rachitis

Ein Smaragdskink (Laprolepis smaragdina) nascht an geriebenen Möhrenschnipseln, verzehrt aber bevorzugt Insekten.

(weiche Knochen), bei erwachsenen zu Osteomalzie (brüchige Knochen). Außerdem ist Calcium wichtig für die Blutgerinnung, Enzymaktivitäten – aber auch für die Erregbarkeit der Nervenfasern. Weitere Mineralien sind ebenfalls wichtig und selbst in äußerst geringen Mengen (Spurenelemente) unentbehrlich, wie z. B. Eisen, Kupfer, Kobalt, Magnesium, Mangan, Silicium und Zink, ebenso die Nichtmetalle Flur und Jod. Es gibt im Handel diverse Vitamin- und Mineralstoffpräparate in Pulverform, mit denen man das Futter der Echsen bestäuben kann (z. B. ZVT KORVIMIN®, Vitakalk®), Vitamine gibt es aber auch in flüssiger Form (z. B. Multibionta®).

Für Vegetarier – Calcium und Phosphor

Pflanzenfressende Reptilien decken ihren Nahrungsbedarf vor allem durch lösliche Kohlenhydrate und pflanzliche Rohfasern. Zu einer gesunden Ernährung gehören daher Pflanzen, die eine ausreichende Menge an Rohfetten, Rohproteinen und Rohfasern bieten. Die natürliche Nahrung der meisten pflanzenfressenden Reptilien besitzt ein Ca/P-Verhältnis von 1:1 oder 2:1. Vor allem wild wachsendes Grünfutter – aber nur sehr wenige Gemüsesorten – reichen an den erforderlichen Calciumgehalt heran. Die meisten Kulturpflanzen weisen einen Überschuss an Phosphor auf. Deshalb wird von den meisten käuflichen Gemüse- und Salatsorten abgeraten. Lediglich einige Blatt-, Stängel-, Blüten-, Wurzel- und Knollengemüse sind akzeptabel. Und besonders erstaunlich ist, dass einige exotische Früchte ein optimales Ca/P-Verhältnis aufweisen, wie z. B. Apfelsinen. Alle Salatsorten haben nur einen sehr geringen Nährwert, da sie überwiegend aus Wasser bestehen und nur wenige Nährstoffe enthalten. Bietet man seinen Pfleglingen die im Folgenden aufgeführten Pflanzen, wird man feststellen, welche ihnen schmecken, bzw. welche sie als Futter akzeptieren. Also bitte experimentieren!

Tomaten, Gurken, Paprika und Co. haben einen Phosphorüberschuss und sollten daher nur mäßig verfüttert werden.

Für KIDS

Futtersuche für die Kleinen

Du möchtest deinen Terrarientieren etwas Gutes tun? Dann kannst du für die Vegetarier Futter suchen. Nimm deinen Freund oder deine Freundin mit, schnapp dir ein Bestimmungsbuch (vielleicht haben deine Eltern eins, ansonsten findest du es in der Bücherei) und geh auf Wildkräutersuche!

Kräuter-Menü für Bartagamen

Wie wäre es mit Diestelhäppchen an Rotkleeblüte? Löwenzahn auf Himbeerblatt, oder Brombeer-Wegerich-Salat? Bartagamen finden diese Menüvorschläge ziemlich lecker: Also ab auf die nächste Wiese. Aber denk dran: Deine Terrarientiere finden Dünger, Autoabgase und Hundehinterlassenschaften eklig. Such lieber auf schönen Wiesen, die nicht direkt an der Straße oder am Hauptauslaufgebiet liegen.

Markttag

Gehe auf den Markt oder zum Gemüsehändler in deiner Nähe. Wenn du freundlich fragst, bekommst Du bestimmt ein wenig Karottenkraut. Vielleicht ist auch ein wenig Kohlrabi oder Endiviensalat übrig, den du deinen Tieren mitbringen kannst.

Obstsalat

Geckos, Leguane und Agamen mögen auch gern Obstsalat, am allerliebsten aus süßen Früchten. Ab und zu kannst Du ihnen ein Tellerchen voll anbieten, mit Bananen, Pfirsichen, Orangen oder Beeren.

Futter für die Kleinen

Brunnenkresse ist das perfekte Aufzuchtfutter, denn es hat viel Calcium. Und du kannst es sogar selbst anbauen. Streue ein paar Kressesamen in einen Blumentopf mit feuchter Erde, danach stellst du den Topf an einen warmen hellen Ort. Halte die Erde immer schön feucht, dann wächst die Kresse von ganz allein.

Fleischfresser

Amphibien und die meisten Reptilien machen sich allerdings nicht allzu viel aus Grünzeug. Sie mögen lieber Fleisch! Vielleicht findest du im Garten einen dicken fetten Regenwurm, den du verfüttern kannst.

Leicht und lecker
Das ist gut für deine Tiere:
Bohnen, Disteln, Endiviensalat, Fenchel, Gartenkresse, Grünkohl, Karotten, Klee (Rot- und Weißklee), Kohlrabi, Kopfsalat (Freiland), Löwenzahn, Mangold, Petersilie, Portulak, Römersalat (Lagutta), Rucola, Wegerich, Zucchini.

Das sollten sie nur selten essen:
Pflanzen mit Phosphorüberschuss (nur selten füttern): Tomaten, Gurken, Paprika, Kürbis, Bohnen-, Erbsensprossen, Eisberg- und Feldsalat.

EXTRA

Meine Futtertierzuchten

→ Futtertierzucht

Bezeichnung	*Unterbringung*	*Futter*	*Haltung und Vermehrung*
Fruchtfliege ***Drosophila melanogaster***	250 ml Kunststoffbecher mit Nylongaze oben verschlossen	Nährbrei aus Früchtemilch- oder Griesbrei mit einer Messerspitze Hefe und Multivitaminpräparat vermengt – NIPAGIN leicht darüber streuen (gegen Verpilzen).	Boden mit Nährbrei 2 cm hoch auffüllen. Holzwolle zum Klettern. LT: 25° C, LF: 80–90%. Einige Fruchtfliegen einsetzen, am besten flugunfähige. Entwicklung Ei-Imago: 15–21 Tage
Mittelmeergrille ***Gryllus bimaculatus***	Kunststoffterrarium mit Deckel	Futterschale: Obst, Gemüse, Haferflocken, Brot, Keimweizen, Gras, Löwenzahn, muss täglich erneuert werden.	Eierkartons, Zeitungspapierknäuel, Pappröllchen als Aufenthaltssorte. Legebehälter (Ø 10 cm, mit feuchtem Sand-Torf-Gemisch ca. 8 cm hoch). Nach 5 Tagen auswechseln und in Zuchtbecken überführen (LT: 30 °C, LF: 30–40%)
Heimchen ***Acheta domestica***	Wie Mittelmeergrille	Wie Mittelmeergrille	Wie Mittelmeergrille; Entwicklung Ei-Larve ca. 2 Wochen, Larve-Imago ca. 8 Wochen. Legebehälter nach 10 Tagen auswechseln!
Schmeißfliege ***Callophora erythrocephala***	Gurkenglas, Gazedeckel mit Flugloch	Fleisch- oder Käsestückchen zum Anlocken. Zusätzlich Zuckerwasser und Milch.	Fliegen legen Eier auf Fleisch/Käse, Larven ernähren sich davon. Verpuppen sie sich, Puppen abtrocknen und kühl aufbewahren. Nach Bedarf in einem Glas in einen wärmeren Raum bringen, wo sie dann schlüpfen.

LT: Lufttemperatur,
LF: relative Luftfeuchtigkeit

Bezeichnung	*Unterbringung*	*Futter*	*Haltung und Vermehrung*
Stubenfliege ***Musa domestica***	Kunststoffbecher oder Gurkenglas. Gazedeckel mit Flugloch.	Fliegen mit Zuckerwasser und Obstbrei anfüttern. Maden: krümeliger Brei aus Weizenkleie und Quark.	Eiablage erfolgt auf Zuchtschale mit Madenfutter, diese in ein eigenes Becken überführen. Verpuppungsbeginn: Puppen abtrocknen und kühl aufbewahren. Nach Bedarf in einem Glas in einem wärmeren Raum (LT: 27–30° C, LF: ca. 60%) schlüpfen lassen.
Wachsmotte ***Galleria mellonella***	Hartplastikdosen oder Gurkenglas mit dicht schließendem Gazedeckel	Bienenwaben! Ersatzweise Mischung aus Honig (125 g), Glycerin (125 g), Weizenkeime gemahlen (75 g), Flockenhefe (125 g), Kükenmehl (500 g), Maismehl (500 g).	Behälter mit Wachsmotten und etwas Futter (LT: 25–28° C, LF: 30%). Entwicklung Ei-Larve ca. 14 Tage; Larve-Imago ca. 42 Tage.

Sauberkeit ist wichtig

Blitzblank im Terrarium

Sauberkeit und Hygiene sind das A und O, damit Ihre Tiere auf dem begrenzten Raum gesund bleiben. Denn etliche Krankheiten sind Folgen mangelnder Hygiene.

Schrubben und desinfizieren

Grundsätzlich sollten alle Terrarien, die gebraucht übernommen wurden, nicht nur gründlich gereinigt, sondern auch desinfiziert werden (z. B. mit Sagrotan). Anschließend wird das desinfizierte Terrarium noch einmal gründlich ausgewaschen, damit keine Spuren des Desinfektionsmittels übrig bleiben. Bei der Wahl des Desinfektionsmittels muss man darauf achten, dass es auf Peroxid- oder Alkoholbasis hergestellt wurde, da phenolhaltige Desinfektionsmittel für Amphibien und Reptilien giftig sind. Vergessen Sie nicht, das Terrarium anschließend gründlich auszuspülen, damit Ihren Tieren nichts passiert.

Krankheiten vorbeugen ist besser als heilen!

Wurzeln können in einem Backofen etwa 2 Stunden bei 150°C sterilisiert werden.

Frisch gebacken

Kostspielige Einrichtungsgegenstände (Wasserschalen, Wurzeln etc.) können in einem Backofen etwa 2 Stunden bei 150°C „sterilisiert" werden. Da viele Desinfektionsmittel nicht gegen Wurmeier und einige Dauerstadien von Parasiten wirken (auch Sagrotan nicht), müssen sie im Freien mit 5%igem Formalin desinfiziert werden. Achten Sie darauf, dass Sie die Formalindämpfe nicht einatmen, da sie gesundheitsschädlich sind.

Hausputz im Terrarium

Die im Vergleich zu den Bedingungen in der Natur beengten Verhältnisse in einem Terrarium machen es außerdem notwendig, einige Worte über die tägliche Hygiene im Terrarium zu verlieren. Bereits einfache Hygienemaßnahmen können dazu beitragen, dass die Ausbreitung von krankheitserregenden Mikroorganismen reduziert und Infektionsgefahren verhindert werden. Dies gilt nicht nur für Infektionen von Tier zu Tier, sondern auch von Tier zu Mensch, denn einige dieser Mikroorganismen können auch beim Menschen zu Erkrankungen führen. Beseitigen Sie möglichst schnell Kot- und Futterreste aus dem Terrarium.

Wasserklosett für Reptilien

Reptilien nutzen ihren Wassernapf oft als Toilette, sozusagen ein echtes Wasserklosett. Doch wer will schon aus der Toilette trinken? Daher müssen die Wasserschalen mehrmals täglich gereinigt und mit kochendem Wasser ausgespült werden. Wenn Kot- und Futterreste am Bodensubstrat haften, sollten Sie das darunterliegende Substrat ebenfalls zum Teil entfernen. Sind die Einrichtungsgegenstände oder Scheiben verschmutzt, müssen diese entfernt und Scheiben sowie sonstige Materialien gereinigt werden. Scheiben können mit einem Kunststoffspatel gereinigt und anschließend abgewaschen werden.

Stets muss sich im Terrarium ein Wassernapf befinden, aus dem selbst Wüstentiere zu trinken lernen, wie dieser Halsbandleguan.

Neue Einrichtung

Nun wird auch deutlich, warum die Einrichtung eines Terrariums immer übersichtlich bleiben muss und nie überladen werden darf. Es gibt recht viele Terrarianer, die das Terrarium grundsätzlich halbjährlich oder jährlich ganz ausräumen, reinigen und desinfizieren. Anschließend richten sie es mit neuen Materialien wieder ein. Bald erkunden die Tiere die Unterkunft.

Unhygienisch: Wasserschalen müssen täglich gereinigt und mit Frischwasser gefüllt werden. Auch Kotspuren an den Wurzeln sind zu beseitigen!

EXTRA
Richtig überwintern

Gut durch den Winter

Handelt es sich um Amphibien und Reptilien aus Klimabereichen mit kühlem, aber frostfreiem Winter, genügt es meist, diese Tiere in ihrem Terrarium zu belassen und für den Zeitraum der Überwinterung die Beleuchtung und Heizung auszuschalten. Dabei sollten weiterhin Temperaturen von 10 bis 15 °C herrschen. Außerdem sollten Sie täglich leicht sprühen, um die Luftfeuchtigkeit zu halten. Für vier bis fünf Stunden wird ein Strahler eingeschaltet, damit die Tiere die Möglichkeit haben, sich darunter aufzuwärmen und ihre Ruhephase zu unterbrechen. Außerdem muss ihnen immer eine Wasserschale zur Verfügung stehen. Je nach Intensität der Ruhephase können Sie Ihren Pfleglingen hin und wieder etwas Futter anbieten.

Chinesische Dreikielschildkröte.

Vor Kälte erstarrt

Jene Tiere, die in der Natur in eine Winterstarre fallen, können diese Zeit bei etwa 5–6 °C an einer entsprechend kühlen Stelle (Dachboden, Keller, Garage, Gartenhaus) überwintern. Dabei dürfen sie jedoch nicht ständig gestört werden. Eine inzwischen häufig genutzte Überwinterungsstätte sind Kühlschränke, die jedoch ebenfalls weitab vom üblichen Geschehen stehen müssen (z. B. im Keller) und nicht auch noch anderweitig genutzt werden sollten.

Tropische Echsen (hier: Teratoscinus sp.) dürfen nicht überwintern.

Nach der Überwinterung folgt die Fortpflanzungszeit.

Fastenzeit

Vor der Überführung in ihr Winterquartier lässt man die betreffenden Tiere zuerst einmal für etwa 2–3 Wochen fasten und vermindert in der letzten Woche langsam die Temperaturen. Dazu schalten Sie die Heizquellen ab und verringern die Beleuchtungsdauer. Bald ziehen sich die Pfleglinge in ihr Versteck zurück, wobei Reptilien oft die Eiablageboxen mit dem leicht feuchten Substrat, wie z. B. Torf/Sand-Gemisch, aufsuchen. Von dort überführt man sie in geräumige Kunststoffdosen o. Ä., in deren Deckel sich einige Luftlöcher befinden. Diese Überwinterungsbehälter werden zu zwei Dritteln mit einem lockeren, leicht feuchten Substrat (Sand/Torf-Gemisch, Torfmoos, Schaumstoffwürfel, etc.) gefüllt. Nun stellt man die Behälter an eine kühle Stelle (ca. 10 °C). Europäische Landschildkröten kann man vor der Überwinterung ein- bis zweimal in lauwarmem Wasser baden. Dann trinken sie und leeren ihren Darm.

Gut gebettet und gekühlt

Die Tiere vergraben sich in das Substrat und die Behälter können nach weiteren 1-2 Tagen an den Überwinterungsort gebracht werden. Dabei sollte die Temperatur auf keinen Fall über 5–8 °C steigen, damit die Tiere zur Ruhe kommen. Da das Substrat (nicht die Tiere) in Abständen immer wieder etwas angefeuchtet werden muss, sollte man eine Flasche mit Wasser im Kühlschrank aufbewahren. Bei der etwa 14-tägigen Kontrolle gelangt auch Frischluft in die Behälter. Hat sich an den Wänden der Überwinterungsbehälter Kondenswasser gebildet, sollten Sie dieses mit Fließpapier entfernen. Ruhende Amphibien und Reptilien verharren mit geschlossenen Augen, mehr oder weniger eingerollt und unverändert an einer Stelle. Pfleglinge, die nicht ruhen wollen, zeigen häufig, dass mit ihnen etwas nicht in Ordnung ist. Man sollte sie dann langsam wieder höheren Temperaturen aussetzen und eventuell später überwintern.

Fit und gesund

Krankheiten vorbeugen

Hier erfahren Sie, wie Sie Ihre Tiere lang gesund halten können.

Auf Krankheiten möchte ich hier gar nicht so genau eingehen, da es je nach Tierart sehr viele spezifische Krankheiten gibt, die den Rahmen des Buches sprengen würden. Im Literaturverzeichnis finden Sie weiterführende Empfehlungen.

So artgerecht wie möglich

Je artgerechter die Tiere untergebracht sind und je eher das Terrarium ihrer natürlichen Umgebung gleicht, desto eher fühlen sich die Tiere wohl. Temperatur, Licht, Luftfeuchtigkeit und Terrariumausstattung sollte ihrem Umfeld entsprechen, das Futter auf ihre Bedürfnisse abgestimmt sein, auch eine Überwinterung sollte der Art entsprechend erfolgen. Ist das Terrarium möglichst blitzeblank (siehe Seite 56–57), sind die Voraussetzungen für beste Gesundheit geschaffen.

Neuzugänge

Wenn Sie sich neue Terrarienbewohner wünschen, sollten Sie möglichst Nachzuchten kaufen. Im Gegensatz zu Wildfängen sind die Tiere im Terrarium groß geworden, sind an das Futter, das man ihnen anbietet, gewöhnt, und haben keine lange, stressige Reise aus ihren Heimatländern hinter sich. Wildfänge werden aus ihrem natürlichen Lebensraum genommen, über große Distanzen transportiert, landen bei verschiedenen Zwischenhändlern, bis sie endlich am Verkaufsort angekommen sind. Transport und Klimaänderungen stressen die Tiere und die Wahrscheinlichkeit, dass sie sich mit Krankheiten anstecken, ist recht hoch, wenn sie nicht sogar schon Parasiten oder andere Keime aus ihren Heimatländern mitbringen. Und diese wollen Sie sicher nicht in Ihrem Terrarium.

Halsbandleguan (Crotaphytus collaris) vor seiner Höhle.

Gesundheits-Check

- Sind die Tiere gut genährt, ohne zu dünn oder zu fett zu sein? (Zu dünn: Die Beckenknochen treten hervor, Bein- und Schwanzmuskulatur treten hervor. Zu dick: Die Tiere können sich nur mühsam bewegen).
- Sind sie lebhaft, neugierig und zeigen sie ihre natürlichen Verhaltensweisen?
- Ist die Haut intakt und glänzend, ohne erkennbare Häutungsreste? Ist das Tier seiner Art entsprechend gefärbt, ohne dass die Haut fahl wirkt?
- Sind die Augen klar und glänzend, ohne in den Höhlen zu liegen?
- Ist der After sauber und trocken, ohne Kot- oder gar Blutreste?
- Ist der Bewegungsablauf natürlich, ohne dass ein Bein nachgezogen wird oder andere ersichtliche Lahmheiten/Verletzungen?

Zwischen den Pflanzen können sich die Tiere verstecken und sind gut getarnt.

Quarantäne

Wenn Sie schon einige Reptilien und Amphibien haben und Ihren Stamm erweitern wollen, sollten Sie die neu gekauften Tiere sechs bis acht Wochen in ein Quarantänebecken setzen, das von Ihren „alteingesessenen" Bewohnern getrennt ist. Richten Sie es den Bedürfnissen der Tiere entsprechend ein, beobachten Sie die Tiere, ob sie fressen, neugierig und interessiert sind und ihre natürlichen Verhaltensweisen zeigen. Entnehmen Sie eine frische Kotprobe und lassen Sie diese von einem auf Reptilien spezialisierten Tierarzt auf Innenparasiten untersuchen oder schicken Sie sie an ein Institut, das auf Heim- und Terrarientiere spezialisiert ist.

Der richtige Tierarzt

Informieren Sie sich vorab, welche Tierärzte in Ihrer Umgebung auf Terrarientiere spezialisiert sind, damit Sie im Notfall einen Ansprechpartner haben. Sie können sich auch bei befreundeten Terrarianern erkundigen und sich einen Arzt empfehlen lassen. Landschildkröten können die gefürchtete Herpes-Infektion bekommen und müssten theoretisch für ein Jahr in Quarantäne gehalten werden.

Mögliche Krankheitsanzeichen

Die unten aufgeführten Anzeichen könnten Symptome verschiedener Krankheitsursachen sein, manchmal stecken aber auch andere Dinge dahinter. Berücksichtigen Sie den Gesamteindruck des Tieres:

- Nahrungsverweigerung (kann auch am Futter- oder Ortswechsel liegen)
- Durchfall (auch durch Futterumstellung möglich)
- Erbrechen (oft bei Schlangen, wenn sie zu kühl gehalten oder nach der Fütterung gestört werden)
- Gewichtsverlust

Artgerechte Nachzuchten

Liebesleben unter Lurchen

Blauer Pfeilgiftfrosch auf Partnersuche.

Vermehrung

Immer noch werden viel zu viele Amphibien und Reptilien ihren natürlichen Lebensräumen entnommen, daher sollte man als ambitionierter Terrarianer ernsthaft über Nachzuchten nachdenken. Innerhalb der Deutschen Gesellschaft für Herpetologie und Terrarienkunde e.V. (DGHT) gibt es Arbeitsgemeinschaften, deren Mitglieder sich untereinander mit Informationen versorgen und häufig auch bei der Zusammenstellung von Zuchtgruppen helfen. Gleichzeitig werden vor allem bei bedrohten Arten oft internationale Zuchtbücher geführt.

Terrarienfreunde sollten die Arten erhalten.

Vom Teenager zum Erwachsenen

Mit der Entwicklung von Ei- und Samenzellen sind Amphibien und Reptilien geschlechtsreif. Häufig erkennt man bereits an der Änderung vom Jugendkleid zur eigentlichen arttypischen Erwachsenenfärbung, an stärker ausgebildeten Körperanhängen, an neu hinzukommenden Verhaltensweisen etc., dass sich etwas geändert hat.

Zu Wasser und zu Land

Bei Amphibien kann die Fortpflanzung – je nach Art – sowohl im Wasser als auch an Land stattfinden. Die Entwicklung der Nachkommen findet jedoch immer im feuchten Milieu, wenn nicht gleich im Wasser statt. Deshalb sind genaue Kenntnisse erforderlich.

Angelockt

Bei vielen Froschlurchen werden die laichbereiten Weibchen durch artspezifische Rufe der Männchen angelockt und es kommt zur Umklammerung (Amplexus). Bei Schwanzlurchen, aber auch vielen Reptilien werden die Paare oft durch chemische Lockstoffe zusammengebracht, bzw. der Weg zu ihnen verraten.

Liebesleben unter Lurchen

Bei Amphibien kann es nach der Balz je nach Art zu einer Befruchtung der Gelege außerhalb, aber auch innerhalb des Körpers kommen. Viele niedere Schwanzlurch-Weibchen laichen im Wasser ab, das Männchen besamt das Gelege anschließend. Höher entwickelte Schwanzlurche nehmen oft das nach der Balz abgesetzte Spermienpaket des Männchens im Wasser oder sogar an Land mit ihrer Kloake auf und legen später die nun befruchteten Eier an Pflanzen oder geschützten Stellen ab. Bei Alpensalamandern entwickeln sich zum Beispiel die befruchteten Eier im weiblichen Körper und das Weibchen entlässt fertig entwickelte Jungtiere.

Großfamilien und Einzelkinder

Auch bei Froschlurchen gibt es beide Fortpflanzungsstrategien. Dabei werden entweder innerhalb eines bestimmten Zeitraumes (Fortpflanzungszeit) verschwenderisch große Gelege produziert oder aber ganzjährig immer wieder geringe Nachkommenschaften. Besonders interessant verhalten sich dabei die sogenannten Pfeilgiftfrösche, die bei der Sicherung ihrer Nachkommenschaft besondere Verhaltensweisen zeigen, die man im Terrarium gut beobachten kann. Vor allem Laubfrösche gehören zu den weiteren beliebten Froschlurchen, die man gern in Terrarien hält und vermehrt. Die Männchen einiger Arten können jedoch so laut rufen, dass man es als ruhestörenden Lärm bezeichnen kann.

Oben: Laichende Unken.

Unten: Schaumnest des Australischen Sumpffrosches.

Larve des Australischen Sumpffrosches.

Aufzucht von Amphibien

Nach ihrer Metamorphose überführt man die Amphibien in kleine Aufzuchtterrarien, die ähnlich ausgestattet sein müssen wie die der Elterntiere. Dort werden sie mit entsprechend kleinen Futtertieren versorgt und möglichst nach und nach auf mehrere Becken verteilt oder abgegeben. Denn werden zu viele gemeinsam gehalten, geraten sie unter Stress, verschmutzen zu schnell das Aufzuchtbecken und können leichter erkranken.

Eng umschlungen

Vermehrung von Reptilien

Dieses Anoli-Männchen zeigt seine rote Kehlfahne, um Weibchen anzulocken.

Während der Paarungszeit sind die Männchen einiger Arten oft wesentlich auffälliger und hübscher gefärbt als die Weibchen. Zum Fortpflanzungsverhalten gehören das Balzverhalten und die Paarung.

In Stimmung gebracht

Vor allem Reptilien weisen während der Werbung (Balz) um eine Partnerin eine enorme Vielfalt unterschiedlichster Verhaltensweisen auf, die der Halter der entsprechenden Pfleglinge auch kennen sollte. Denn das Balzverhalten zeigt dem Halter an, dass seine Tiere paarungsbereit sind. Das Balzverhalten dient dazu, dass die beiden möglichen Partner ihre Aggressionen gegen den „Nahrungs- und Territorialkonkurrenten" abbauen und zueinander finden. Dies wird sowohl optisch (Gestalt, Farben, Schlüsselreize, Erkennen des Balzrituals) als auch geruchlich (Wahrnehmung sexueller Duftstoffe) ermöglicht. Bei Arten aus den gemäßigten Klimabreiten ist dies meist nach der Überwinterung der Fall. Arten aus tropischen und subtropischen Bereichen geraten häufig nach simulierten Regenzeiten oder Veränderungen der Beleuchtung (Beleuchtungsdauer, -stärke, längere UV-Licht-Strahlungen etc.) in Fortpflanzungsstimmung.

Heißhungerphasen unter Schwangeren

Die Paarung verläuft oft recht stürmisch. Nach der erfolgreichen Paarung haben die Weibchen oft einen enormen Appetit und fressen alles, was ihnen in

Bei der Paarung schieben Echsen-Männchen (hier: Zonosaurus karsteni) ihre Kloake unter die des Weibchens. Zuvor beißen sie sich im Nacken- oder Flankenbereich der Partnerin fest.

die Quere kommt. Männchen gegenüber verhalten sie sich deutlich aggressiver als zuvor. Ihr Leibesumfang nimmt beträchtlich zu. Kurz vor der Eiablage stellen sie die Nahrungsaufnahme ein, da die Eier den gesamten Bauchraum ausfüllen.

Kinderstube für Reptilien

Einige Tage oder Wochen nach der Paarung suchen trächtige Schildkröten sowie ovipare Schlangen- und Echsen-Weibchen nach einem geeigneten Eiablageplatz, der die notwendigen Temperaturen und die entsprechende Feuchtigkeit bietet. Daher prüfen die Weibchen oft vor der Eiablage sehr sorgfältig mit der Schnauze die Beschaffenheit des Bodens. Anschließend schieben oder graben sie – je nach Art – eine kleine bis mittlere Mulde oder Grube, um dort die Eier hineinzulegen. Baum- und Felsenbewohner legen ihre Eier auch frei in eine Nische unter einem Stein, einer Wurzel oder zwischen Laub und Zweigen auf dem Boden ab. Dies bezeichnet man als „Brutfürsorge“.

Eier suchen

Häufig legen Reptilien-Weibchen im Terrarium unbemerkt Eier ab, die der Halter nicht so leicht findet. Ein Hinweis, dass das Weibchen bereits Eier gelegt hat, sind die deutlich eingefallenen Flanken.

Ausgraben und markieren

Zur sicheren Bebrütung sollten die Gelege in einen Brutapparat überführt werden. Zuerst muss man die Eier finden und vergrabene Gelege mit einem kleinen Löffel und einem weichen Pinsel vorsichtig freilegen. Anschließend markiert man bei hartschaligen Eiern die Oberseite behutsam mit einem weichen Bleistift, z. B. durch ein Kreuz oder das Eiablagedatum. Bei weichschaligen Eiern muss man eventuell etwas dunkles Pulver, etwa von einer Bleistiftmine, abschaben und dieses Pulver auf den höchsten Punkt der weichen Schale rieseln lassen, dabei bleibt etwas Pulver hängen. Filzstift o. Ä. sollte man nicht verwenden, da die Flüssigkeit auf die Embryonen giftig wirken könnte.

Oft werden die Eier an einem geschützten Ort im Erdreich abgelegt und getarnt (hier: Zonosaurus haraldmeieri).

Sicher und warm

Kinderstube für Mini-Echsen

Bitte nicht wenden!

Nun überführt man die freigelegten Eier, ohne ihre Lage zu verändern, in einen Brutbehälter. Bei einer Lageveränderung sterben die Embryonen in den Eiern ab. Durch das Drehen kommt auch die Dottermasse in Bewegung und führt oft zum Zerreißen der Eihäute. Selbst fertig entwickelte Jungtiere, die sich kurz vor dem Schlupf aus dem Ei befinden, können nach einer Lageveränderung absterben.

Tipp

Richtig in den Brutbehälter

Man drückt eine leichte Mulde in das Substrat und bettet die Eier etwa zu einem Drittel in das Substrat ein, so dass der Großteil von Luft umgeben ist. Fest an einer Unterlage haftende Eier überführt man mit der Unterlage in den Brutapparat, sofern dies möglich ist.

Geborgenes Gelege der Europäischen Sumpfschildkröte.

Geeignete Substrate

Als Substrat für die Brutbehälter eignen sich verschiedene Materialien, wie rundkörniger Sand, feiner Kies, ein Sand-Torf-Gemisch oder auch Schaumstoffschnitzel. Besonders bewährt haben sich grobkörniges Vermiculite und Perlite aus dem Terrarien-Fachhandel.

Schnelle Brüter

Bei einem handelsüblichen Brutapparat kann man die gewünschten Temperaturen einstellen und dadurch die Gelege künstlich bebrüten. Die Luft im Umfeld der Eier sollte möglichst sauerstoffreich sein. Da man hin und wieder die Eier oder den Zustand des Substrates kontrolliert, werden die Brutbehälter in Abständen von 1–2 Wochen sehr kurz geöffnet, dabei findet automatisch ein Luftaustausch statt.

Feuchtigkeit und Temperatur

Das Feuchtigkeitsbedürfnis von Reptilieneiern ist von Art zu Art unterschiedlich. Die meisten Schildkröten, viele Schlangen- und auch Leguan-, Waran- und Agameneier vertragen nur ein leicht feuchtes Substrat (Probe: Drückt man Vermiculite zwischen den Fingern, darf kein Wasser heraustropfen), Chamäleoneier müssen dagegen stets feuchter inkubiert werden. Viele Eier von Schildkröten, Schlangen und Echsen benötigen Bruttemperaturen zwischen 28 – 32 °C. Die Eier von Reptilienarten aus gemäßigtem, mediterranem und subtropischem Klima brauchen schwankende Inkubationstemperaturen im Tag/Nacht-Rhythmus (tagsüber 26 – 28 °C, nachts 22 – 23 °C). Während ihrer Entwicklung nehmen die Embryonen an Masse zu.

Aus dem Ei befreit

Ist die Embryonalentwicklung erfolgreich abgeschlossen, folgt nun der Schlupf. Weichschalige Reptilieneier fallen oft etwas ein und man findet auf der Schale kleine Tropfen.
Als Schlupfhilfe findet man bei vielen Schlangen und Echsen oft einen Eizahn. Dabei handelt es sich um echte Zähne, die leicht bogenförmig nach vorn gerichtet sind. Mit den Eizähnen ritzen oder kratzen die kleinen Echsen nun die Eihüllen auf und stecken ihren Kopf aus der dabei entstandenen Öffnung. Anschließend reißen sie das Maul auf und füllen die Lungen mit Luft. Nun bleiben die Jungtiere noch so lang in den Eihüllen, bis die Dotterreste endgültig in der Bauchhöhle verschwunden sind und sich die Bauchhöhle schließt.

Im Bauch geschlüpft

Bei den lebendgebärenden Reptilien stimmt die Umgebungsfeuchtigkeit immer; und die notwendigen Temperaturen sucht das Weibchen durch Sonnenbäder etc. selbst auf. Am Ende ihrer Entwicklung wird es den heranwachsenden Echsen langsam zu eng und sie bemühen sich, noch im Mutterleib ihr Ei-Gefängnis zu verlassen.

Faule Eier — Info

Abweichend verfärbte Eier oder solche, auf deren Oberfläche sich eine schleimige Schicht bildet, sind meist unbefruchtet und beginnen zu verfaulen. Entfernen Sie die Eier, damit sie dem restlichen Gelege durch Fäulnisgase nicht schaden.

Kindergärten

Nach dem Schlupf überführt man Reptilien in artgerecht eingerichtete und richtig klimatisierte Aufzuchtbehälter. Die Jungtiere kann man je nach Art entweder einzeln oder in kleinen Gruppen aufziehen. Achten Sie auf abwechslungsreiche Nahrung, die regelmäßig mit Mineralien, Spurenelementen und Vitaminen angereichert werden muss.

Junge Halsbandleguane kann man in Gruppen gemeinsam aufziehen.

Auf einen Blick

Mein Pflegeplan

Urlaubsvertretung

Bevor Sie in den Urlaub fahren, sollten Sie sich in Ihrem Bekannten- und Freundeskreis umsehen, wer Ihr Terrarium versorgen kann. Am besten ist es, wenn Sie sich mit einem Terrarianer während der Urlaubszeit abwechseln können. Mancher Laie ist zart besaitet und graust sich vor den Futtertieren.

Täglich

→ Jungtiere füttern
→ Sprühen, auch in Trockenterrarien, um die Luftfeuchtigkeit zu erhöhen (bevorzugt morgens)
→ Wassergefäß gründlich reinigen
→ Kot- und Futterreste entfernen
→ Das Verhalten der Tiere beobachten: Sind alle gesund? Zeigt ein Tier Verletzungen oder Veränderungen, sollte es separiert werden.
→ Temperatur, Luftfeuchtigkeit und Pumpen kontrollieren
→ Evtl. nach den Futtertieren schauen

Wöchentlich

→ Die Scheiben, Einrichtungsgegenstände und Lüftungsgitter reinigen
→ Die Pflanzen zurückschneiden, bzw. die Blätter abwaschen
→ Filter und Pumpen kontrollieren, gegebenenfalls reinigen
→ Im Wasserteil einen Teilwasserwechsel durchführen und dabei mit einer Mulmglocke große Schmutzpartikel absaugen.

Ein bis zweimal im Jahr

Großputz

Das Terrarium wird komplett gesäubert, die Einrichtungsgegenstände werden gründlich gereinigt oder erneuert. Desinfizieren Sie das Terrarium und waschen es gründlich aus. Das Bodensubstrat wird erneuert, die Pflanzen zurückgeschnitten oder durch neue ersetzt. Kontrollieren Sie auch die Lampen. Bei Leuchtstoffröhren sollten Sie einmal im Jahr die Leuchtkörper wechseln.

Winterruhe

Manche Arten brauchen eine Winterruhe. Hier reduzieren Sie die Beleuchtungszeit entsprechend, regeln die Temperatur herunter oder überführen sie, falls nötig, in ein Winterquartier.

Bildnachweis

140 Farbfotos wurden von Manfred Rogner aufgenommen.
Weitere Farbfotos von Tatjana Drewka (11; S. I o., 2 alle drei, 44 li., 58 o. re., 70 beide, 72 beide, 73 un.), Gartenschatz GmbH, Stuttgart (6; S. 18 un.mi., 55 o. alle vier & mi) Juniors Bildarchiv (1; S. 1 un.), Ulrike Schanz (2; S. 53 o.li. beide).

Impressum

Umschlaggestaltung von eStudio Calamar unter Verwendung eines Farbfotos von Manfred Rogner (Umschlagvorderseite) und eines von Tatjana Drewka (Umschlagrückseite). Das Foto zeigt einen Grünen Leguan.

Mit 160 Farbfotos.

> Alle Angaben in diesem Buch erfolgen nach bestem Wissen und Gewissen. Sorgfalt bei der Umsetzung ist indes dennoch geboten.
> Der Verlag und der Autor übernehmen keinerlei Haftung für Personen-, Sach- oder Vermögensschäden, die aus der Anwendung der vorgestellten Materialien und Methoden entstehen könnten.

Unser gesamtes lieferbares Programm und viele weitere Informationen zu unseren Büchern, Spielen, Experimentierkästen, DVDs, Autoren und Aktivitäten finden Sie unter **www.kosmos.de**

Gedruckt auf chlorfrei gebleichtem Papier

ISBN 978-3-440-12178-8
Redaktion: Alice Rieger
Gestaltungskonzept: solutioncube GmbH, Reutlingen
Gestaltung & Satz: Atelier Krohmer, Dettingen/Erms
Produktion: Eva Schmidt
Printed in Germany / Imprimé en Allemagne

Register

Meine Serviceseite

Zum Weiterlesen

Dost, Uwe: **Das Kosmos Buch der Terraristik.** Kosmos 2005

Janitzki, Ariane: **250 Terrarientiere.** Kosmos 2008

Kölle, Petra: **Reptilienkrankheiten.** Kosmos 2002

Kölle, Petra: **Schlangen.** Kosmos 2004

Neumann, Christian: **Kosmos Handbuch Schlangen.** Kosmos 2010

Rogner, Manfred: **Frösche.** Kosmos 2001

Rogner, Manfred: **Landschildkröten.** Kosmos 2001

Rogner, Manfred: **Landschildkröten.** Kosmos 2007

Rogner, Manfred: **Meine Schmuckschildkröten.** Kosmos 2004

Rogner, Manfred: **Wasserschildkröten.** Kosmos 2003

Rogner, Manfred: **Terraristik.** Kosmos 2002